小户型设计攻略
空间感与功能性兼备的家居设计

SH美化家庭编辑部 编著

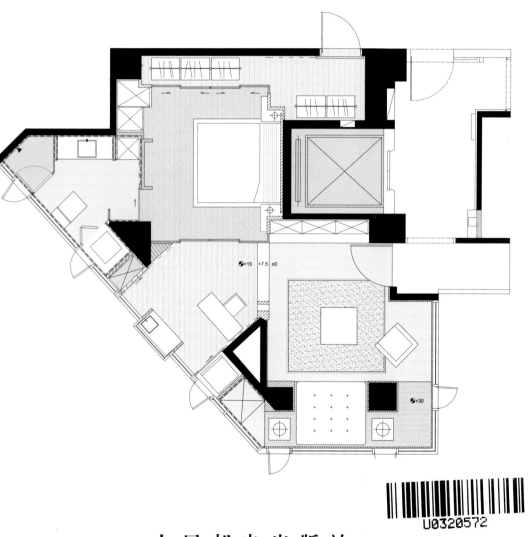

人民邮电出版社

北京

图书在版编目（CIP）数据

小户型设计攻略：空间感与功能性兼备的家居设计 /
SH美化家庭编辑部编著. -- 北京：人民邮电出版社，
2019.3
ISBN 978-7-115-49363-7

Ⅰ．①小… Ⅱ．①S… Ⅲ．①住宅—室内装饰设计
Ⅳ．①TU241

中国版本图书馆CIP数据核字(2019)第001818号

版 权 声 明

内 容 提 要

　　本书针对小户型住宅，以"扩大"空间与兼具功能性为目标，为一人居住、两人居住和
多人居住的情况提供各种家装方案。书中内容充分考虑自用、亲友聚会和亲友留宿等场景，
规划设计客厅、和室、卧室、厨房和卫生间等区域，充分利用隔间、柜体、楼梯、层板、暗
门和夹层，并结合色彩设计，实现小户型住宅的创意、功能、空间与装修预算之间的平衡。

　　本书适合想要对旧屋进行改造和对小户型新居进行装修的读者阅读与参考。

◆ 编　著　SH 美化家庭编辑部
　　责任编辑　杨　璐
　　责任印制　陈　犇

◆ 人民邮电出版社出版发行　　北京市丰台区成寿寺路 11 号
　　邮编　100164　电子邮件　315@ptpress.com.cn
　　网址　http://www.ptpress.com.cn
　　北京瑞禾彩色印刷有限公司印刷

◆ 开本：690×970　1/16
　　印张：12.5
　　字数：287 千字　　　　　　　　　　2019 年 3 月第 1 版
　　印数：1-3 000 册　　　　　　　　　2019 年 3 月北京第 1 次印刷
　　著作权合同登记号　图字：01-2017-0221 号

定价：59.00 元
读者服务热线：(010)81055410　印装质量热线：(010)81055316
反盗版热线：(010)81055315
广告经营许可证：京东工商广登字 20170147 号

16 ▶ 60 m²

小户型
设计
攻略

前言

✛小面积居住空间文化与消费趋势改变

✛褚瑞基｜铭传大学建筑系专任助理教授｜

现代主义建筑大师柯比意曾说："建筑，是心智活动的结果；创作，是耐心的追寻。"不难理解，建筑的目的是造出足以承载生活的容器，并通过建筑以及空间设计师的智慧淬炼，引领创作发展及对于空间品质的坚持。

房地产市场会随经济的变化而变化，其中住宅市场始终因"住"的基本需求而受重视。回顾建筑与住宅空间数十年来的变迁，可发现几个重要趋势。

一、房地产开发及房地产经纪切入小空间市场

消费者刚购入新屋，随即将面对委托设计或是自行装修的抉择。究竟这两种装修方式的差异在哪里？

① 大量"通用设计" ▶ 容易偏向价格取向

由房地产经纪或建筑业提供的设计服务的共通点在于模块化系统，它未锁定特定人群、年龄或性别，以全龄皆宜的"通用设计"见长，消费者在与房地产开发商合作时，可从样板组合中挑选符合需求的套餐。通用设计固然具备便利、通俗的优势，却也同时受限于对象广泛、价格大众，而无法提供细致甚至契合差异调整的设计商品，较易发生空间不适用于需求的状况。

② 自行装修 ▶ 多发生在首次装修的群体

DIY，因便利、低价而在世界各地广泛流行，消费者在满足生活需求之余，还能突显个人品位。选择自行装修的消费者大多抱着圆梦的心理，并怀有一定的想象。此外，装修工程还包括隔间变动、粉刷、木工、水电与管线变更等基本项目。以油漆为例，不同工班的施工细致度将直接影响服务价格与品质。水泥、木作和水电等工项，质量也都将影响居住者的视觉与心理感受。

二、信息透明让消费者开始懂得空间语言

① 信息透明加快学习型社会的建设

因电子媒体发展日新月异，消费者也开始拥有各种空间设计、规划的基本知识，并透过浅显易懂的信息发布，对于"量身定做"这件事有相当大的期待。在跨越年龄与身份的"学习型社会"里，消费者更能轻而易举地获得信息，取得对空间设计的基本知识。

② 人际关系延伸与专业书籍介绍

另一种信息取得的方式，是人际关系的延伸，来自周边亲朋好友的经验叙述、感受描述。这种透过人际网络所延伸的方式有助于消费者将所需经费进行前期评估，进而初步对预算与品质进行平衡。

三、选择专业人士还是自己来

一般消费者用生活语言无法清楚地描述出空间情况，也难将基础知识结合到设计思路中并表达出来，与设计者进行清晰的对话，因此设计师通常会有所谓的"风格"样册，以便快速跟消费者讨论。

通过作品或示意图建立的作品集可缩短磨合期并协助消费者找到喜欢的风格。消费者不仅更容易寻觅到理想答案，而且能借助专业服务降低错误以节省开支，保持了与专业者"沟通语言"的畅通。

四、系统提供改变空间的工具▶装修从套餐转低消

家具DIY，将家具设计为简单套件，使消费者购买和组装都很方便，且不再受限于成品，并对居家空间的改变产生更积极的主导意识。这些具有高度适应力的家具，让消费者开始对"家"产生具体行动，改变开始变得轻而易举。这样的关系改变，也让消费者对于空间设计的消费形态由"套餐"转变为"低消"，选择自然多姿多彩。

面对小空间住房，空间舒适度是影响生活品质的决定性要素，这才是装修设计的基本观念。固然有多重领域智慧在高度整合，真正的关键却只在于家所营造的舒适度与归属感。

⊞ 目录

Chapter A

房主必问的六大课题

90个解决办法

本书使用符号说明　　▲ 指大门入口　　☀ 自然采光　　← ↔ 指格局变动的情形

Chapter
B 七大实用设计计划
幸福设计学

抛掉你对空间不足的焦虑，预算不高也可以打造有品位的生活。

就是因为小，所有的设计都可以向更精练、高度更低、距离更近来思考。我们可以整理生活方式，放弃不必要的表面装饰，也许你会发现，彼此的感情会更好。

真实的装修故事，将告诉你除了格局、预算之外，在过程中会发生许多状况，设计师为每种状况提供了多种解决方法。房主李小姐选了适合她的方法，读者们也可以在其中选择适合自己的方式。

挑对设计师，和他成为彼此信赖的朋友，设计师会提出许多巧妙、实惠并且会让你有较高舒适感的创意。

Chapter C

不同居住人数设计方案30个

一人→两人→多人

A 房主必问的
六大课题

SIMA L L
SPACE
TOPICS

是增强空间感
＋改变人生的核心

厨房在小空间中所占的面积并不会比客厅小，装修费用也不会更低。这样的情形反映了厨房的地位和意义已经从单纯的烹饪区域转变为维系感情的居家中心。面积有限是无法改变的，但小空间如何能拥有大厨房，关键在于空间的重叠运用和开放式的设计，设计使得一个空间部分具有很多种功能，厨房同时是餐厅，也是客厅的一部分。

▶_ 小空间适合的厨房形式

厨房形式有一字形、双边二字形、L形、U形和中岛形，其中最适合小空间的是一字形及L形，因为这两种类型所占面积较小，能够减少开放空间的阻碍，让空间得到充分的重叠利用。

①一字形

最节省空间与预算，适合简单烹饪。因为是单一动线，所以依照洗菜、切菜、煮食的顺序，配置顺序应该是冰箱→水槽→砧板→灶台区。最适宜使用的厨具长度是180~210cm（不含冰箱），这样才会顺手好用。

②L形

多了工作台面与收纳空间，冰箱、水槽和灶台区构成工作金三角动线，每个点的距离最好有90cm，工作省时又有效率。转角奇零空间可利用五金功能配件实现死角收纳。

▶_ 厨房规划原则

①计算适合尺寸

依照人体工学，炒菜和切菜时的手肘高度不同，灶台区台面加上厨具的高度应该要比水槽与工作台面低。台面必须根据每个人的身高来打造适合的高度，最准确的方法是亲身试用测量。即使想节省空间，也一定要保留"最小尺寸"。厨房动线宽度要将开冰箱、拉抽屉所需的宽度与使用人数相结合，单独一人使用时要保留90cm，若两人同时下厨就要保留120cm。

②结合餐桌、吧台

在开放厨房中设置餐桌或是吧台时，餐厨合一更能节省空间，餐桌或吧台的位置也恰好能在开放空间中区隔出厨房。要计算家具所需空间，厨具台面深度的尺寸一般是60cm，吧台台面大约35cm，一般餐桌约80cm，还要将拉出椅子的宽度计算进去，保留75~90cm的距离。

③保持视觉上的整洁

开放厨房容易将厨房的凌乱暴露在眼前，除了加强收纳设计外，也可以利用比厨具高的吧台或是隔板进行遮掩，让视线不会直接落在厨房区。如果要用上橱柜来增加收纳，就要将其设置在伸手所及的高度，浅柜比较适宜拿取物品。

☑ 开放厨房空间大，不再闷热又孤单
☑ 结合餐桌或吧台，餐厨合一感情好
☑ 共享空间功能多，小空间有大厨房

厨房是为了成为全家欢聚的中心而存在的！

💬 简易早餐台
取代餐桌

厨房后方摆放简易**早餐台取代餐桌**。餐厅与厨房相连，在下厨时家人能互相陪伴，也能一起用餐，对有轻食习惯的房主来说非常适合。

💬 玻璃窗
带来好采光与好通风

L形的厨房设置在后段靠窗面，有利于通风，在厨房的人不会感觉闷热，还可以边准备餐点边欣赏窗外美景。厨具旁边设置**休憩**区，在这里喝杯咖啡休息一下，享受自然光的照拂。

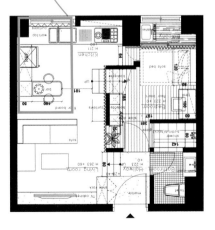

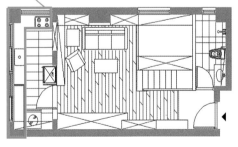

designer | 谢一华设计师　　　　designer | 谢长佑设计师

▲01 抽油烟机避免油烟四散

开放的餐厅、厨房用吧台串联，吧台也能兼具餐桌的功能。灶台区上方设置**抽油烟机**，加强抽油烟功能，即使在**完全开放式厨房**中大火快炒也不用担心油烟的问题。

designer | 萧冠宇设计师

◀02 玻璃拉门阻绝油烟

L形的厨房有对外窗，通风比较好，在厨房入口加设**玻璃拉门**，大火快炒时拉起拉门，一点不用担心油烟问题，还能利用隔间墙的厚度放置调味料盒。

designer | 谢长佑设计师

▲03 收纳吧台遮蔽开放厨房

开放厨房搭配具备电器收纳功能的**落差式吧台**，区隔出厨房区域，并在出口处提供了适当的**遮挡**，不必担心凌乱的厨房露于人前。

designer | 齐御堂设计师

▲05 相连吧台区隔出厨房

充足的**电器柜与橱柜**保持开放式厨房的整洁，**相连的吧台区隔出**厨房与客厅区域，彩绘玻璃隔板也能提供视觉缓冲，避免人的视线直视厨房台面。

designer | 京展贤设计师

▲06 厨房也是客厅空间的延伸

L形的厨房与客厅间以**镂空**吧台区隔，在厨房准备餐点时，也能和客人聊天。客人多时，吧台座椅能纳入客厅空间，成为客厅的**延伸**。

designer | 陈玉婷设计师

◀04 书房结合厨房颠覆传统

书房结合小型厨房，将**厨具拆解**到左右橱柜中。橱柜上的玻璃洗碗槽透过月光，有如画框。**基本的功能与美感**相结合，符合**轻食**习惯。

designer | 马昌国设计师

▲07 厨房吧台也是客厅设备柜

一组吧台区隔出**客厅**与开放连通的**餐厨**空间，绕过吧台即是厨房所在。餐厅的云石墙面延伸至厨房，空间铺排连成一气。**挖空的吧台**下方也能成为客厅的**影音设备柜**。

designer | Kplusk Associates 设计师

▼08 中岛台面延伸餐桌兼泡茶桌

开放厨房的**中岛**台面延伸成**餐桌**，也是经特别设计具备**隐藏排水**功能的泡茶桌。中岛台面水槽区的**板材加高**设计，让人的视线不会直视水槽。

designer | 齐御堂设计师

▲09 厨具下方结合洗衣机

利用一进门的**玄关**空间规划**一字形**小厨房，上方吊柜设有**烘碗机**，下方嵌入**洗衣机**。对于忙碌的上班族来说，洗衣和煮饭可以同时进行，一探头就能顾炉火，不必两头跑。

designer | 陈智远设计师

▲10 收纳兼用餐吧台

在厨房前规划**吧台**，兼有用餐与**收纳**功能。上方的悬吊层板与吧台形成一平面，**取代隔间墙**分离空间的作用，成为客厅之外招待朋友的区域。

designer | 白谨纶设计师

▲▼12+13 利用墙面与吧台增加收纳空间

玄关与厨房之间以一面镜墙区隔，镜墙另一侧放置冰箱与小家电的**电器柜**，与客厅之间以吧台区隔。吧台内部规划**开放的层板**，增加厨房的空间，方便收纳。

designer | 群悦设计师

◀11 厨具对侧抽拉层板电器柜

利用玄关**走道**规划一字形厨房，厨房与走道**共用空间**，对侧放置冰箱等电器及杂物柜。**抽拉式的层板**能让人更加灵活方便地拿取物品。

designer | 多河设计师

是功能美学
╬行走自由的关键

隔间过多容易让小空间显得零碎，而且占用面积，不仅阻挡通风、采光，还阻挡了情感交流。采取弹性、开放的规划方式，将隔间比例减到最少，让区域彼此能互相融合共享，使空间放大，从而拉近了人与人之间的距离。

▶ _隔间手法

隔间的定义就是将不同功能的空间区隔出来，避免因互相混淆而显得杂乱。隔间手法要依照空间的不同需求进行运用。除了实墙，拉门、家具也都可以作为隔间。例如，需要隐私的主卧、卫浴，通常会用实墙作为隔间，遮蔽性和隔音的效果也比较好；但如果是一人住，或是卫浴和主卧在同一空间，就不必担心隐私问题，可以采用穿透式的隔间放大空间感。

① 实墙

以完整的墙面区隔空间时，用轻隔间取代砖墙可以节省近一半的预算。不过会接触到水的地方，例如厨房水槽面、浴室，建议要采用具有吸水力的毛细孔砖墙，其他地方可以采用防火材料的矽酸钙板做轻隔间，中间塞吸音棉完善隔音功能，前后设置柜体更能增强隔音效果。

② 半隔间

客厅、餐厅与厨房之间要互相保持视野开阔，家人、朋友之间的情感交流就不会受到阻碍。中间可以直接利用家具作半隔间，维持开放的同时也能达到界定各区域的作用，常见的是以吧台区隔出厨房，以沙发区隔出客厅。

直接利用柜体当成隔间，既能增加功能，也可以节省空间和预算。例如以书柜作隔间，不仅具有收纳功能，也能共享隔间墙，增加双面功能；用电视墙区隔客厅和后方空间，客厅这一面可以设置电视与电视柜，另一面可以加钉开放层板以提供收纳、展示功能。

③ 穿透隔间

如果有些区域需要稍微明确的区隔，但又不想用实墙切割空间感，就可以使用穿透隔间，例如镂空设计或是玻璃材质，不仅能保持视线的穿透性，也有助于通风和采光，还可以加装拉帘来弹性控制遮蔽的程度。

弹性的玻璃拉门隔间是许多设计师常使用的手法，拉门全部关上是独立的空间，完全敞开又是开放的空间。自己可以根据生活需求随时决定空间的大小，不会受到局限。

☑ 少了隔间感情好，家人朋友隔阂少
☑ 穿透材质很轻盈，放大空间好采光
☑ 弹性隔间显自由，空间大小随意变

不要让隔间限制了爱，自由和幸福的秘密就藏在隔间中！

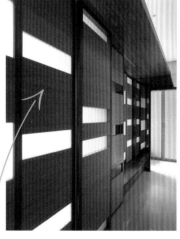

玻璃隔间
营造宽敞客厅

比客厅低一层的卫浴以**玻璃**作为隔间，由于存在高低落差，因此保持了**视野的开放**又不显凌乱。沐浴时还可以反转电视荧幕，需要隐私时拉下**百叶窗帘**即可。

拉门结合
隔间墙

厨房与和室使用弹性拉门，**拉门结合隔间墙**留出完整的走道。打开拉门可以**放大空间**，配上局部镜面装饰做变化，底部利用镜面反射，制造出视觉延伸的效果。

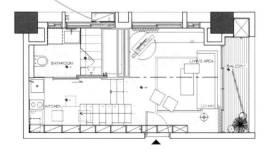

designer | 黄鹏霖设计师

designer | 翁振民设计师

▲01 茶镜隔屏区隔出厨房

浴室门口与厨房相对，以一道**茶镜隔屏**作为视觉缓冲区区隔出厨房，化解传统观念上的禁忌，也可以当作**穿衣镜**使用。

designer | 谢宇书设计师

▲02 卫浴玻璃隔间放大主卧

由于卫浴在主卧内，没有隐私顾虑，因此中间以半透明的**磨砂玻璃**为隔间，从而起到放大空间的作用。**光线**互相流通，又增添了朦胧的美感。

designer | Kplusk Associates 设计师

▲03 弹性拉门改变空间大小

客厅与主卧之间以一整排**弹性玻璃拉门**为隔间，拉门全开时是完全开放的空间。关上拉门、放下**黑色拉帘**，各自成为独立区域，互不干扰。

designer | 王思文、吴承宪设计师

▲04 透明玻璃砖隔音引进光线

一道隔间墙上下采用不同的材质，夹层隔间以透明**玻璃砖**引入光线，提供好的隔音效果；下层则是书房空间，**落地帘**能控制进光亮度，避免干扰到睡觉休息。

designer | 谢一华设计师

◀05 落地帘简便隔间

落地帘区隔出客厅、书房和客房，柔化了空间。有客人留宿时，拉上拉帘可以作简便隔间，属于临时应变、**预算最低**的隔间方法。

designer｜萧冠宇设计师

▲06 电视墙区隔公私领域

黑云石电视墙成为公私领域的隔间墙，区隔出客厅与后方的书房及主卧空间。靠近墙角部分以**透明玻璃**引入光线到书房，也能维持两个区域的**视线交流**，化解书房的压迫感。

designer｜群悦设计师

◀07 茶色玻璃隔间化解压迫感

位于夹层的两个房间都以**茶色玻璃**作隔间，隐约的穿透性**化解压迫感**，也让吊灯的**光线**能够进入房间。拉下拉帘就是完全独立的房间，保有隐私。

designer｜赵子庆设计师

是收得顺手
✚收得美观的双重需求

是不是常常发生为了找一把螺丝刀，几乎把抽屉、柜子都翻遍了就是找不到的事情？这样的情形在于收纳物品缺乏系统化，只是把物品收起来却放不到恰当的地方，导致常常忘记放在哪里，找东西要花很多时间。

要收得好，不是添置一大堆收纳柜，最重要的是建立正确的收纳观念，否则再多的柜子也无济于事。

▶_设计师都遵守的收纳规划

审视生活习惯，再决定设计成"分区"收纳还是"集中"收纳。

①**室内有突兀的梁柱** ▶ 在梁下设置书柜或衣橱等大型柜体，既可增加功能，也能化解梁的压迫感。

②**家中零碎的小角落** ▶ 摆设矮柜、层板架填补零碎处，充分利用空间。

③**夹层楼梯下的空间** ▶ 规划柜体用来收纳不同高度的东西，可以将较人型的物品收纳其中，若有储藏间就更好了。

④**开放式书柜** ▶ 要规划一部分有门片的开放柜体，方便收纳零碎物品。

▶_整理的概念

①收纳之前请先学会丢东西

"取舍"是收纳的第一步。将"自己有多久没用到它"作为依据，如果物品一两年都没用到，就代表不需要了，赶快处理掉吧。

②一次整理一个区域

先别急着走来走去将东西整理到新的位置，不然一个地方还没整理完又把其他地方弄乱了，也增添了整理不完的烦躁情绪。一次锁定一个小地方即可，例如客厅的茶几、书房桌面。先将不属于这个空间的物品装成一袋，整理下一个地方时再将它们归位。

③定位定量概念

欲望无穷，为了避免陷入买越多越无处收纳的恶性循环，可采取"定位定量"的方法。"定位"是指根据生活习惯，将会用到的物品收在该场所，并用固定的东西收纳。例如有在客厅记账的习惯，将记账会用到的纸、笔、记账簿和计算器等全部放入盒子内。"定量"是指根据空间大小决定收纳量，喜欢买杂志的房主不妨准备文件箱，当数量超过文件箱容量时，就该去芜存菁了。

☑ 空间就是这么小，生活物品都能完全收纳有多好

☑ 所需物品那么多，如何收纳物品整整齐齐又美观

☑ 翻箱倒柜非常累，记得物品位置收取顺手又方便

这些对于小空间完美收纳的渴望，带我们一步步达到收纳的最高境界！

开放柜体
附有部分门片

书柜安排在客厅、餐厅**梁下奇零空间**，化解大梁形成的压迫感。开放式的陈列也方便喜爱书籍的房主拿取书本。开放空间的开放书柜设计**一部分有门片，用来收纳零碎物品**就会更实用。

梯下柜
兼顾各种高度

通往夹层的楼梯，利用**楼梯下方做整片门柜和台阶暗藏抽屉**设计，用来收纳不同高度的物品，能充分利用每一寸空间。最低一层的**抽屉式台阶**还可以推入柜体内不占用空间。

收纳柜

展示矮柜

抽屉柜

天花板橱柜　　展示柜　立柜

抽屉

抽屉式台阶

designer | 王思文、吴承宪设计师　　designer | 赵子庆设计师

01

▲▼01+02 座椅暗藏大容量收纳空间

轻松抬起座椅椅板，**中空的部分是大容量的置物空间**。两侧**扶手刻意挖空可摆放书报、杂志**，坐在椅子上就可顺手拿取。旁边吧台下也有层板可作为书架或是展示架。

designer | 陈玉婷设计师

02

03

▲03 电视柜延伸物品摆放区

此区为电视柜的延伸，与电视柜部分用玻璃隔板区分。上层作为展示架，可以放置生活物品，下层可摆放包。**柜体不落地，配合柜内的灯光设计，营造悬浮感**。

designer | 陈玉婷设计师

▶04 滑轨拉门多功能柜

入口处设计结合鞋柜、衣柜和收纳柜的多功能柜，采取**滑轨拉门**，让向内开大门的狭窄入口仍能获得最大利用。一层层的**隔板**刚好放置一双双鞋子，整齐划一。

designer｜陈玉婷设计师

▼05 一张书桌满足3种功能

由于主卧空间不大，因此在设计书桌时就综合了书桌、书架和床头柜等功能。上方以一块**长形层板**当作书架，右下方特别采用**开放式**方格柜代替床头柜。

designer｜陈玉婷设计师

04

05

06

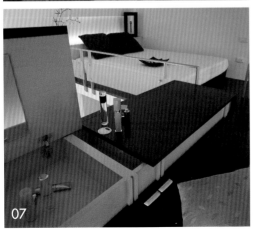

07

▲06 隐藏杂物和各有所归

电视柜下方**附有门片可隐藏杂物**。吧台上方以**开放式层架展示**茶杯、茶壶，配合精致灯光展现收藏品的质感，下方还设有洋酒柜。每一处的设计都符合物品特点的收纳方式。

designer｜京展贤设计师

◀07 中空书桌掀起即成梳妆台

悬浮设计的书桌，内部**板面上镶有化妆镜**，掀开台面即可成为梳妆台，**中空的部分能收纳**大大小小的化妆品，随手就能取用。使用完毕轻轻合上，又恢复了桌面原有的干净。

designer｜黄俊和设计师

①**杂物**_使用有门片或抽屉的柜体收纳，把杂乱通通遮起来。

②**使用具备收纳功能的家具**_家具是必备的，而且本来就占有一定的空间，所以要选购具有功能性的家具，如带有床屉的床、中空可收纳的椅子等，但要注意床底下只能收纳不怕受潮的物品。

③**羽绒外套、棉被**_此类物品本身需保持蓬松度才不会破坏结构影响保暖，可利用行李箱收纳，既保护了羽毛结构，也充分利用了平时不用又占空间的行李箱。

④**手套、围巾、CD**_鞋盒不见得都要丢弃，可用来收纳此类小件物品，成为衣柜或电视柜内的区别分类小箱。

⑤**说明书、账单**_这些文件通常处于随手乱放的状态，需要时又常常找不到，建议用文件夹，按照日期或类别进行归档。例如，电器说明书固定放在一个资料夹中，账单则以日期次序收存。

▼08 木作墙，藏收纳也藏门片

进门玄关处右侧，巧妙利用**楼梯下方**空间，以木作墙面隐藏了充足的收纳空间，甚至将浴室的入口**门片**也一并隐藏在墙面中。

designer | 谢长佑设计师

08

09

▲09 一目了然的透明鞋子收纳盒

若鞋子收纳盒的大小深度足够，可连鞋盒一并收纳，不仅防尘，**透明的设计**更让人一目了然。可根据鞋量多少进行整齐组合，**清爽的色调**即使堆叠摆放在高处也不显得沉重。

designer | IKEA设计师

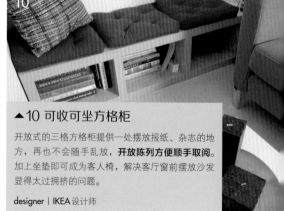

10

▲10 可收可坐方格柜

开放式的三格方格柜提供一处摆放报纸、杂志的地方，再也不会随手乱放，**开放陈列方便顺手取阅**。加上坐垫即可成为客厅椅，解决客厅窗前摆放沙发显得太过拥挤的问题。

designer | IKEA设计师

◀11 玻璃与银灰营造轻盈感

大门旁的墙面设计成开放式的书柜兼展示架，**以玻璃为层板营造悬浮**效果，配合**银灰色**色调，使整体**轻盈**。杂物则可利用**收纳盒**放在开放式架上，隐藏杂乱。

designer｜洪邦瑀设计师

▼12 玄关楼梯结合鞋柜

迎宾玄关区保留4.2m的挑空，利用通往夹层的**楼梯下方空间**设置鞋柜，不仅充分利用奇零空间增加收纳功能，保证**收纳量足够**又**隐藏鞋柜**，兼具美观与实用的功能。

designer｜李果桦设计师

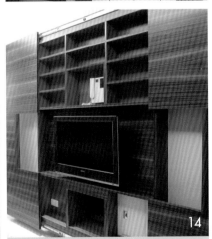

▲13 化解床头压梁的收纳柜

利用床头上方的**梁下**空间设置收纳柜，柜体不与梁高持平，不仅**化解了床头压梁**现象，又增加卧室的收纳量。

designer｜萧冠宇设计师

▲14 薄型电视墙内藏玄机

深度仅一张CD宽的平整**电视墙**，**滑开两侧门片**竟有大的收纳空间，甚至还隐藏了对讲机、插座和开关箱等物件；下方还有能够容纳影音设备的深度空间，其实是**挖墙延伸**到了隔壁浴柜空间。

designer｜翁振民设计师

▶15+16
从舞台中升起的餐桌

开放和室作为舞者房主的微型舞台，**中央藏有升降桌**的机关，升起桌子即可成为用餐和阅读的区域，**架高的地板下还可收纳**大型物品，一个空间多种用途。

designer | 谢宇书设计师

▶17
挖空的立面展示台

转角处立面的中间以**带状挖空**，原本平整的立面多了一处可摆放收藏品的地方，配合**重点打光**，营造出精品展示台的效果，两侧都可以欣赏。

designer | 赵仲人设计师

▶18
客厅环绕全收纳

踏入玄关的**架高地板**，下方设置**暗抽**，一路环绕客厅，整个客厅都是你的收纳柜。电视下方的两格刻意采用**开放式设计**，方便放置影音设备。

designer | 摩根士设计团队

▼19 "墙"力收纳一面搞定

一面墙竟然同时拥有三种收纳空间！大门的左方设置**鞋柜**，上方是一整排的**天花吊柜**，吊柜下方空间则是整面**开放式书架**。柜体经过计算，完全满足收纳量大的需求。

designer | 黄鹏霖设计师

◀20
玻璃门片隐藏橱柜

餐桌旁的黑色**玻璃门片**巧妙隐**藏着橱柜**功能，与厨房的夹纱玻璃拉门互相呼应，组成**一系列的立面造型**，在小客厅中完全隐藏了橱柜。

designer | 翁振民设计师

◀21
天地极致收纳柜

利用**厨具上方**至天花板的奇零空间设计收纳柜，可收纳**使用频率低**的物品。餐厅区的架高地板也藏有暗抽，小空间的收纳力开发到极致。

designer | 王光宇设计师

22

▲22
观景窗框上的备忘板

书房观景窗框上**贴上一道软木**，作为可随手贴上小纸条的备忘板，方便记录和提醒琐碎事项。利用原有的小地方动点手脚做设计，节省空间又便利。

designer | 初日发设计师

▶23
藏书阁挑高书墙

将挑空区规划成书房，为满足房主大量藏书的需求，设计了**挑空区的整面书墙**。下方摆放常用书籍，随手可拿，配合梯子使用，上方摆放较少用的书籍或是当作展示柜都很适合。

designer | 初日发设计师

23

Tips.

采购收纳用具指南

①先了解自己的收纳问题与困扰，再决定要采购哪种收纳用品。必须事先丈量好预定摆放位置空间的尺寸，有些空间要考虑是否要两人一起使用，规划收纳必须连一人或两人活动的动线宽度一并计算进去。依照收纳物品不同，所使用的柜体深度也不一样，例如小东西就不适合放在太深的柜体内，不仅找不到，拿取时也容易弄乱。下表列出各类物品适合使用收纳空间的深度，在选购时务必注意，纳入规划考量。

物品	收纳空间	适用深度
CD、手册、卫生纸、化妆品、沐浴用品、清洁用品、调味料、罐头食品	层板架、餐具柜	15cm
杂志书籍、文件夹	书柜	30cm
锅碗瓢盆、餐具、厨房电器用具（烤箱、电锅、微波炉）、鞋	橱柜、餐具柜、餐厅边柜、电器柜、鞋柜	40~45cm
衣物、包、换季电器（电风扇）、行李箱、球具	衣柜、收纳柜	55~60cm

▲25 电视墙兼造型展示柜

电视墙嵌上了镜面铝板及黑檀木造型的展示柜，上方还有钢丝悬吊的**悬空层板**，**镜面铝板包覆**与镂空的设计互相呼应，增加了电视墙的造型变化和展示空间。

designer | 白谨纶设计师

▲24 开放的镂空洗手台收纳

浴室洗手台的整体设计很简单，下方**开放的大空间**可放置卫浴杂物，**镂空**的设计配合**镜面反射**使视觉穿透，即使浴室小也不会显得拥挤狭窄。

designer | Kplusk Associates 设计师

▶26 一字形延伸的书桌

书桌与厨具利用**梁下空间**呈一字形排列，长形延伸的书架与整排抽屉，足够收纳书籍、文具用品。**清爽的白色**减弱了书架的压迫感。

designer | 谢宇书设计师

②注意收纳箱、柜体的颜色要与居家风格色调搭配，达到清爽整齐的视觉效果。切忌柜体大大小小堆叠、颜色风格不一，影响美观。

③材质的耐重、耐用度非常重要，尤其是承载重物的收纳柜。除了自己平时收集信息，设计师也会提供帮助。如果自己去选购，可以观察压在最下方的抽屉，柜体有没有变形以及其密合度如何，从而大致推测其质量。

▼27 利用半墙高度规划收纳

卧室采用**半开放的半墙**设计，半墙的部分包含了**电脑桌、书桌和床头柜**，利用**抽屉隐藏**收纳，保持卧房整齐。

designer | 摩根士设计团队

是节省翻找时间 ✚重新整理人生的技术

每个人的衣物种类与数量都不相同，从最基本的衣柜到梦幻更衣室，首先都要进行分季、分类，设计需要的收纳形式，还要考虑衣物长度和使用者的身高，这样才能打造适合自己的衣物空间。集中进行分类收纳的更衣室更省时、省力，每样东西都能区分清楚且摆放整齐，方便衣物的搭配，这就是许多人对更衣室有憧憬的原因。

▶_ 衣柜的设计

善于利用五金、层板设计衣柜内部，利用以下几种收纳形式，就能轻松分类整理。

①**开放式吊挂** ▶ 衬衫、大衣，不会皱也能一目了然。

②**层板、拉篮** ▶ 不怕皱的衣物，例如毛衣，可以折叠放置，根据厚度调整上下层间距，更方便使用。

③**抽屉** ▶ 将需要隐私的贴身衣物和小饰品收纳于抽屉内，内部也可以另外规划"井"字格，更方便分类挑选饰品。

④**方格柜** ▶ 放置包，可维持立体，避免挤压变形。

⑤**门片加装挂架、五金挂钩** ▶ 利用小地方就能吊挂丝巾、围巾、领带和皮带等，条列式摆放可避免折痕，也方便选取。

▶_ 小空间也能设置更衣室

面积 更衣室不再是大空间的特权，小空间也能拥有同等享受。设置更衣室到底需要多大面积？其实只要2.3m²就能拥有！因为吊挂衣物的宽度是60cm，走道保留70cm才方便拉出抽屉，设置两侧衣柜加中间走道，不到3.3m²就能打造独立更衣室。

位置 根据起居习惯动线，更衣室设在卧室或是卫浴旁是理想位置。通常会在主卧内或是在卧室与卫浴相接的空间中规划出一区作为更衣间，当作主卧与卫浴的缓冲隔间也很适合，因为衣物有很好的吸音效果，可以防止浴室噪音干扰卧室休息。

除湿 为避免衣物发霉，通风与除湿就很重要了。入口处可以采用玻璃门片阻绝湿气，或是在门片上凿洞帮助通风。配合使用除湿机、空调，或是吸湿性、排湿性好的板材，都可以避免衣物受潮造成变色、变质。

灯光 最好使用与自然光同色的间接灯光，该光源散发的光线较为平均，不会产生太大色差。平光会产生阴影，看不清衣物本身的颜色布料；也要避免使用卤素灯，这种灯易造成衣物褪色。

☑ 衣物和包包一目了然，上班再也不会少件衣服

☑ 好收好拿整齐不凌乱，轻松搭配出满意的穿搭

☑ 不用再羡慕欲望都市，你也能拥有欲望更衣室

有规划的衣物收纳将拯救你的混乱生活，改变你的时尚品位！

💬 **感应灯**
让衣柜设计更加人性化

位于主卧与卫浴间之间，均以门片区隔形成独立更衣室，动线规划十分理想，符合生活习惯。衣柜内安装感应式灯管，打开拉门时灯光自动亮起，人性化的设计使挑选衣物更加便捷。

💬 **加装帘幕**
遮蔽与控制进光

使用与进入主卧相同的玻璃拉门，与帘幕配合区隔出更衣间，柔化和延伸了空间感。更衣间有对外窗，白天不需开灯，加装帘幕可以控制自然光进入主卧，也能提供遮蔽，保持视觉清爽。

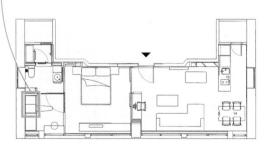

designer | Kplusk Associates 设计师

designer | 马昌国设计师

▶01

主客两用的简易衣柜

在书客房摆放简易衣柜，附有**门片**和**抽屉**，提供经济实惠的基本衣物收纳功能。除了放置较少穿的衣物，也能给留宿的**客人使用**。

designer | 群悦设计师

▼02

白色拉门虚化衣柜的存在感

利用**浴室上方**的空间设计主卧夹层的衣柜，白色**拉门与墙面融为一体**，化解一上夹层就看到衣柜的压迫感。

designer | 多河设计师

01

02

▶03

能完整分类的层板抽屉收纳盒

内部完善的**层板**、**抽屉**和**收纳盒**设计，能**清楚地分类**衣物，下方**微透明的抽屉**能看得见内部，少做门片的开放设计也省时省力。嵌在地板上的光源提供柔和照明，不会影响视线。

designer | 洪邦瑀设计师

03

04

05

▲04
地板光内嵌提供衣柜照明

利用L形主卧夹层的一端**设置衣柜与梳妆台**，好像更衣室空间。**地板内嵌灯光**不仅是室内辅助光源，也能在挑选衣物时为衣柜内部提供照明。

designer｜黄俊和设计师

◀05
夹层客房创造第二衣柜

利用**浴室上方空间**，除了实现必要的遮梁、收管功能之外，还能创造出3.3m² 的具有第二收纳功能的客房衣柜。**"一轨三门"** 的折叠形式将夹层的客房空间隔绝，拉起白色柜门就能与天花板和墙面融为一体。

designer｜许炜杰设计师

▲06

利用电器深度设置衣柜

夹层主卧用百叶门片装饰储热型电热水器，恰好能**利用此深度**延伸设计衣柜空间，**善于利用奇零空间**以满足主卧衣物的收纳需求。

designer | 陈智远设计师

▶07

封闭夹层变更衣间

衣柜上方往往太高不便使用，多一层的设计将以往闲置的空间巧妙设计为**换季衣物收纳**区。通过书架楼梯就可通往**上层**更衣间，动线设计在**主卧**中显得非常顺畅。

designer | 马昌国设计师

08

09

▲08 融入墙体的衣柜壁饰

一整面的衣柜空间，足够满足主卧衣物收纳的需求。**刷白**的柜体有视觉后退的效果，完美地**融入墙体**。搭配**茶镜腰带**，可以反射空间景深，也能减轻柜体重量。

designer | 群悦设计师

▼10 换装化妆一次完成

更衣间用拉门与主卧区隔，内部摆设以简易的**层板**和**吊挂衣杆**为主，波浪形穿衣镜也能当成**化妆镜**使用，换装、化妆都可在此完成。

designer | 李正宇设计师

▲09 平整拉门保留走道空间

衣柜就设在主卧室床铺旁边，拉门的设计节省了门片开启的空间，并且保留了走道宽度。木制拉门呈现**平整立面**，让空间显得简洁、清爽。

designer | 京展贤设计师

10

是美观实用
➕走得安全的结合

楼梯的位置影响整体格局的规划，包括空间的分配比例和行进动线，例如楼梯位置不当会把空间一分为二，上楼方向不当会造成动线凌乱，甚至影响家人感情。仔细考虑空间与楼梯的适当关系，不但能使空间发挥最大的效用，甚至连梯下的奇零空间、阶梯的中空内部和平台步道等的延伸设计都能同时满足其他的功能需求，给空间带来更多的变化和便利。

▶_楼梯的位置

小空间的楼梯通常设置在三处。

①**玄关** ▶ 楼梯设置在玄关的好处是集中上楼与进入家中的动线，不浪费地板面积。缺点是一进门就可以直接上楼，减少了与家人碰面的机会。

②**靠墙** ▶ 小空间就怕拥挤带来的压迫感，所以设计基本上以尽量不占空间作为考量，靠墙是最常见的做法，其所释放出来的公共厅区是完整的，比较好利用，能维持视觉上的宽广。

③**客厅中央** ▶ 将楼梯设在客厅中央具有展示的作用。如果希望楼梯同时也是一座装置艺术品，就可以采用这种方式，达到表演聚焦的效果。

▶_楼梯造型与安全

对于楼梯来说最重要的评价标准是安全性。踏面材质可根据生活习惯做选择，例如在家习惯赤脚，可以采用木地板或是烧面板岩，让脚底有温润质朴的触感。不管选用哪种材质，都要注意选择防滑系数高的材质，千万不要打蜡，以免发生滑倒的事故。还可以在踏板内嵌灯光，除了能增加楼梯的外观美感，也能提供照明指示动线，行走更加安全。

扶手的设置与否，以家庭成员的年纪来决定。如果居住者是成年人可不用设置扶手，不过还是建议离地面135cm以上时做扶手以增强安全性。内嵌式的楼梯则可以直接利用楼板当扶手，不需要再另外设置。基本上不建议让老人和小孩使用楼梯，尽量将卧室设置在一楼，如果不得不使用楼梯，就必须设置扶手以保证安全。

扶手的材质可以选择镂空铁件或是玻璃隔板，在提供安全支撑力的同时也能维持视线穿透，不会感觉楼梯狭窄。如果孩子年纪很小，就不适合镂空的楼梯与扶手，以免孩子从缝隙中滑落。

（注：有关楼梯样式与挑高楼板的关系，请见PART B幸福设计学中的篇章，有详细图说）

☑ 镂空楼梯好轻盈，视觉穿透空间好宽敞
☑ 梯下柜体好实用，高高低低物品都能收
☑ 楼梯美观又安全，步步踏稳防滑又舒适

楼梯不只是作为上下行走的工具，更是小空间中的美学体现。

玄关楼梯
清晰利落动线

楼梯位置设在一进门的**玄关**处，往前是公共厅区，上楼则是私密卧室，两条动线清晰地在眼前展开，利落的动线设计一点都**不浪费空间面积**。

阶阶都是
精品展示柜

缩减阶数、提高台阶高度。如果做**中空设计**，较高的台阶内部还可以摆放装饰品，**内嵌的光源**能作为台阶照明，而且在灯光的映衬下每一阶都成了精品展示柜。

designer | 王光宇设计师

designer | 许炜杰设计师

Tips.

楼梯尺寸要符合人体工学才能让人走得既安稳又舒适。

**楼梯
设计
工学**

楼梯宽度： 75cm以上。
人的肩宽加上双手的摆动幅度是60cm，行走宽度至少要保留75cm才安全。

台阶深度（级深）: 25~30cm。
整个脚底板要能踏稳在台阶上，否则容易使重心不稳，造成危险。

台阶高度（级高）： 18cm。
如果台阶高度过高，上下楼会增加脚踝的负担；如果高度不足，则会使阶梯过密，反而不好行走。

简易计算阶梯数的方法：
阶梯数＝楼高÷台阶高（18cm），可以很容易地知道你的家至少需要多少台阶。

▲ 01 楼梯整合三种功能

利用靠墙楼梯下的空间，涵盖了**鞋柜、电视柜和小型储物间**三种功能。电视上方的层板足以收纳整整两排的CD，选用的集层材质色泽与踏板互相搭配，增添了色彩层次，也温暖了空间。

designer | 初日发设计师

▶ 02 踏着音阶上下楼

用白色铁件和黑色石材打造黑白琴键的楼梯，**镂空**的造型取代传统扶手样式。有如跃动音符的格柜设计还兼具展示架、书架的功能，楼梯下也有收纳空间。**向上延伸的线条**制造出通向天花的视觉延伸感。

designer | 摩根士设计团队

02

▼03 螺旋式隐藏楼梯

采用**螺旋式**设计的楼梯，隐藏在**楼板内侧**，成功隐蔽了大体积的楼梯，保持了空间的完整性，楼梯下的空间还具有储藏室功能。

designer | 多河设计师

▲

04 墙角楼梯释放出完整空间

采用**L形的直角转弯楼梯**，尽量设置在**靠墙边**的位置，释放出了完整的客厅空间。在较高处配置具穿透性的**茶色玻璃隔板**以确保上下楼的安全，同时也能看见客厅。

designer | 赵子庆设计师

◄

05 垂直楼梯轻巧不占位

楼梯扶手采用黑扁铁烤银粉漆，搭配柚木实木踏板，打造**垂直利用**空间、具视觉穿透性的**轻巧稳固**楼梯。

designer | 黄俊和设计师

06

▲06 墙面书架恰为楼梯扶手

在进门后的空间里设计**一上一下两道楼梯**，往下通往使用频率较低的厨房和卫浴空间，往上层夹层则是主卧，整个**墙面的书架恰好成为扶手**。黑与白的**单斜梁楼梯**，构造出视觉穿透的利落时尚质感。

designer | 黄鹏霖设计师

▼▶07+08 楼梯平台缓冲压迫感

将楼梯设置在客厅底端，配合**镂空**铁造扶手，维持穿透性，消除了楼梯的巨大感。上楼和夹层之间有**楼梯平台**连接，**缓冲**上楼时一步步逼近天花板的压迫感。楼梯下方空间有**抽屉**和**门片收纳柜**，也包含了**电视柜**。

designer | 陈智远设计师

07

08

09

10

楼梯下方空间利用

小空间制造放大空间的宽敞感和增加收纳的功能，楼梯下方所形成的三角形奇零空间就朝着这两个方向运用，大致分为用镂空设计出轻盈感和增加空间的功能性。

①镂空轻盈
楼梯踏板采用镂空设计，制造悬浮效果，减轻楼梯给人带来的压迫感。视觉具有穿透性，虚化了楼梯的庞大存在感，同时保持空气流通，就算有楼梯占据的小空间也能保持宽敞感。注意楼梯下方不要填满物品，否则会降低镂空的轻盈效果。

②电视墙
利用楼梯下方放置电视、电视柜，电视墙与楼梯共享墙面，不需要再另外设置电视墙。

③收纳柜体
利用层板或抽屉将三角形楼梯下方的空间设计出平整的收纳空间。随着楼梯高低变化，可以收纳不同大小的物品，中空踏板的内部也可以设计成暗抽，楼梯本身成为多功能收纳柜体。

④洗手间
占地不大的洗手间，有时候也会设计在楼梯底下。但是高度要够2m使用起来才舒适，空间太狭隘不适合设计为洗手间。

▲09 漫步家中空中走道
由大门进来左转即可上楼，**一字形**的楼梯设计为两段式，中间以**楼梯平台**衔接，仿佛空中走道，可以俯瞰整个客厅和厨房。楼梯下方的空间依序设置了**抽屉、收纳方格、电视柜和展示架**，一道楼梯包含了整面墙的功能。

designer | 群悦设计师

◀10 梯下空间化身为电器柜
进入玄关后，通往上下楼的楼梯分出了三层空间。下层是厨房兼书房，由于空间窄小不适合再多设电器柜，因此利用**通往上层的梯下空间**设置格柜，成为厨具的延伸并作为**电器柜**之用。

designer | 群悦设计师

是平衡情绪
✚改变空间大小的魔法

怎样的色彩才能制造出更宽阔的延伸感？我们常看到很多人提倡应该使用白色，却不乏知名设计师建议采用深色来装点。究竟是深色还是浅色，才是放大空间的神秘咒语呢？

为了扩张空间感，常以白色、米色等浅色为底作为基本配色手法，但是空间的色彩使用只有这个规则吗？

▶_一点就通的色彩入门：前进色与后退色

在色相环中，可以用服装色彩来解释视觉效果，就是所谓的"膨胀色"和"收缩色"两大类，意思是看起来会增加分量还是减少分量。"膨胀色"通常是指白色与其他明度比较高的浅色系，例如黄色、橙色和红色等这类色彩；而"收缩色"就是指彩度相对高的深色系，例如绿色、蓝色和紫色都是属于此类的代表色。

在空间中可以用另一种观念来诠释这两大类色彩，分为"前进色"和"后退色"。前进色大多指的是较活泼温暖的"暖色调"，例如白色、黄色和橙色等色彩；相对的，后退色就是指趋向冷静理性的"冷色调"。

这两组色系的组合，在先天色彩的暗示性上已经决定了空间的心理距离。如果希望营造温馨可人、充满朝气的空间，那么波长较长的暖色系所营造出的前进感，不但能因为距离缩短而创造出

温馨感，更能呈现出"小而美"的可爱、精致；反之，如果希望营造有延伸的扩张感，那么波长较短的冷色系所制造出的后退感，能展现出辽阔、开放的视觉。

▶_改变空间大小：后退色用在狭窄处

在较为狭窄的空间或墙面，后退色的运用使墙面仿佛后退出空间。若是空间并非长短等向，不妨在短向大胆应用后退色，将可使用的空间比例因色彩的改变得到意外的平衡感。若辅以镜面、玻璃等具有空间延伸性的材质与色彩共同运用，效果更加出色。此外，色彩的稳定性与面积也有关系，高彩度虽然可以创造视觉焦点、扩张有限空间，但也可能带来心理负荷，因此不建议大面积使用重色。如果空间、光线和色彩都具有三强的优势条件，在色彩应用上便可跨出只用单主墙跳色的安全选色，应用更多变化手法。

▶_收放自如的色彩魔法：无彩度适合衬底

了解了色彩的配置形态与特色，该如何通过运用色彩特性与心理，创造出空间效果？

在逛美术馆或博物馆时，不难发现这类空间因同时承载了各种色彩、主题和式样，多以白色、灰色等无彩度的色彩为"衬底"，这是为了让其他物品的色彩在无彩度的衬托之下，脱跳出更鲜明

☑延伸或温馨，冷暖色调营造不同感觉

☑无彩度衬底，亮眼家具就能画龙点睛

☑色彩有个性，顺应空间也能平衡性格

掌握家具家饰的装点聚焦，随着季节换装布料配色，轻松换搭适合风格。

的效果。应用在空间设计上，无彩度底色可轻易突显出灯具、家具、家饰的特色，打造出调色盘般的效果——此种原理就跟高级餐厅用白瓷装盘一样，红花绿叶鲜明动人。

居家空间所提供的功能在于放松，因此加灰或加白调和的色调，或是低彩度、中性色彩，都适合用于居家空间。通过使用这类舒缓而不撩动情绪的色彩，不仅容易突显家具色彩，而且更能发挥创造力，组合色彩。

▶ _掌握黄金比例：高彩度适合创造惊叹

虽然色彩先天的特性和所传递出的色彩心理，可以带来空间中的不同效果，但并不是所有的色彩都适合在每一道墙面上大量使用。

以居家空间来说，大多会避免在天花板或墙壁大量使用深色，主要的几个原因在于以下几点。

①心理压迫。高彩度或收缩色的色彩容易造成视觉压迫感，在空间设计中，餐厅这类商业空间会利用这种特性（例如黑色天花板）来创造特殊效果。但如果居家空间本身并无2.5m以上的高度，空间的下沉感便会相对明显，这样的色彩使用固然有助于空间的凝结，却必须要考虑空间特性来决定应用比例。

②视觉效果。由于大面积的重色容

易带来心理与视觉的压迫，因此在居住空间中最多作为点缀色或者主墙的蓄意跳色，以创造视觉焦点。但很少使用在天花板上，尤其是属于"舒缓空间"的卧室，不建议使用重色天花板，以免造成压迫感，影响睡眠。

③空间平衡。过强与过弱的空间，就像一首失衡的歌曲，忽快忽慢之间让人无所适从。若色彩与家具均为相同基调，例如白色空间与米色家具，空间里的整体层次便显得平板而乏味，在平衡度上也难有轻重感。有轻有重的空间色彩与家具，不妨应用渐层、对比和暧昧等方式，营造出立体而有所变化的趣味空间。

色彩心理学其实一点也不高深，住得舒服自在就是最重要的准则。从油漆到窗帘、从家具到家饰，无所不在的色彩存在着千万种搭配的可能。在换季之前，不妨试着改变一道墙的色彩，或许会发现更多色彩的神祕咒语。

（本单元图片提供：集集国际设计）

▲**跳色墙面有调整格局效果**

跳色处理的墙面，顿时可为室内空间带来不同的神采，若糅合前进色和后退色的色彩特质，更能在呈现视觉效果的同时，让技术性达到调整空间格局的作用。

designer | 王镇设计师

Tips.

创造色彩与家具的对话：点线面、连连看

大小各异的空间尺度，除了可通过色彩在墙面创造平衡，家具其实也扮演着居家空间色彩心理的重要角色。书房或卧室等较迷你的空间，可在选择单人沙发时大胆使用高彩度色彩跳色，搭配抱枕加以调节；而客厅和餐厅等较为开阔的空间，除了可使用玻璃或镜面材质创造色彩折射的趣味性之外，也可通过壁纸、墙面跳色的开阔性手法塑造独特风格，若再搭配桌椅更能创造视觉焦点。

另外，地毯也是既能连结空间又能创造视觉焦点的家饰，红色、砖色都是能创造色彩稳定与焦点的用色，而窗帘更是具有延展性的视觉屏障，在空间色彩的规划当中，也是重要的角色。

▲01 视觉效果端景延展空间

公共空间的视觉延展，除了可通过明确的手法引导，端景的创造方式也可借助诸如具有视觉效果的**画作、墙面跳色**或**穿透性**材质运用等方式处理。

designer | 王镇设计师

▲02 不同明度和彩度各有适合的搭配

高明度、低彩度的色彩基底，适于烘托色彩强烈大胆的**高彩度**装饰；**高彩度、低明度**的色彩，相对则较适合于**明亮**而具色彩**对比**的低明度艺术装置或挂品。

designer | 王镇设计师

▲03 餐厨空间适合明亮的前进色

餐厅、厨房等空间，因与嗅觉和味觉息息相关，所以应用色彩时建议掌握**"美味"**原则，以黄色、橙色、红色或其他**明亮**的前进色为主，暗示酸味的绿色、苦味的咖啡色或带涩感的加灰色则不建议采用。

designer | 王镇设计师

04

Tips. 色彩不只有心理暗示，其实也有对应于不同季节的色彩呦！

象征木火金水的春夏秋冬，在四季的变化中也能为空间带来具有创意的变化。

①春季为草木相生之时，具有朝气的黄色、绿色都是不错的色系，在空间配置加上绿意盆景、缇花家饰，可提升流动的生气。

②夏季为躁热上火之时，具有冷却意味的蓝色、白色系与纯棉、麻纱材质都适合于此季的空间应用，并且水生植物的运用更可降温、调气。

③秋季万物循环，正是最适合装点橙色、金色等大地色系的季节，来一点紫色也能与金色相互辉映。

④万物俱静的冬季，适合以火龙果等带有鲜红色彩的水果或植物呈现温暖感，若在地面铺上毛绒地毯，更能简简单单地让家温暖起来。

四象交迭的浪漫变化：色彩呼应季节的生活品位

05

▲04
书房用典雅理性的色彩

以阅读、写作等静态行为为主的**书房**，建议采用**不干扰思绪**的材质与色彩，用色应以**典雅**且富有**理性**的色彩优先，色彩丰富的单椅或小型家饰可为空间带来画龙点睛之效。

designer｜王镇设计师

◀05
善用色彩互补与季节植物

巧妙地运用各种家饰，以及植物和花卉装点居家空间，可为居家生活带来生气蓬勃的意象，尤其通过使用各种色彩**互补**原理及**四季变化**的自然景色，更可增添空间与环境的互动。

designer｜王镇设计师

06

▼07 利用小物品的材质色彩变化空间

地毯、桌旗、抱枕和饰品等具有材质及色彩变化的物件，都是装点及变化空间的快速手法，通过小改变缔造出不一样的效果。

designer | 王镇设计师

▲06 客厅主色衬底性格强烈

扮演对内交流及对外社交角色的**客厅**，大多具备门窗开口部大、日照比较充足、家具材质多样、色彩变化丰富等基本特质，因此**主色的衬底**性格相对强烈。

designer | 王镇设计师

▼08 黄色墙面衬托原木家具

黄色墙面衬托出餐厅内的**咖啡色**系原木家具，搭配连续花色的**壁砖**创造出明快、活泼的基调，让用餐时弥漫着温馨和乐的氛围。

designer | 王镇设计师

07

08

▲09 带灰浅色系的主卧有沉淀效果

卧室的色彩运用与家饰的挑选，应以回归**宁静**及**沉淀**身心为优先。在色彩掌握方面，建议以**单纯简单**为基调，**带灰的浅色系**是既安全又稳当的选择。

designer | 王镇设计师

▲10 床头墙的跳色手法

应用跳色手法时，比较建议使用于卧室床头墙面，以免影响睡眠质量。朝南与朝东开窗的卧室日照充足，在用色取向上不受限制；朝北及朝西开窗的卧室日照较弱，建议使用暖色调（前进色）较好。

designer | 王镇设计师

▲11 玻璃或镜面增加延展性

考虑到书房多处在平面格局的中央区段，采光与格局通透性较为封闭，除可用**理性**的米色、驼色、浅灰色或加灰色、加白色外，还可使用雾面**玻璃**、夹纱玻璃或低反射**镜面**，为书房带来**延展性**。

designer | 王镇设计师

Tips. 量身定做的适宜色彩：看空间、看性格

不同的居家空间，有没有适合的空间色彩呢？答案是肯定的。

节奏性较强的鲜色、深色，仿佛具有惊叹号般的特质，因此建议套用于公共空间，如客厅、餐厅。半开放性与私密性空间则出于空间性质的考虑不建议使用。

一般来说儿童游戏室也具有使用橘色、红色、绿色等此类色彩的潜力，因为鲜艳色有助于色彩的心理诱导，促进活泼的发展，黯淡色相对在游戏室不宜使用。然而这部分色彩的应用技巧，还是需要根据孩童本身的性格来加以设计。如果孩子本身已经相当活泼好动了，建议可使用蓝色调、绿色调创造沉静感；如果孩子本身比较文静，则建议用黄色调、橙色调提升活泼感。

此外，考虑到书房与卧室都是属于静态空间，建议使用较为舒缓即沉静、温馨的色彩，例如米色或大地色系的驼色、咖啡色调，甚至带有浪漫气息的粉色系都可以考虑。这些配色搭配一些重色家饰的装点，如抱枕、墙壁饰带、窗框、墙壁线脚或台灯，就可以创造出色彩中的轻重感。

B 七大实用设计计划

DESIGNER'S INTERVIEW

小空间
容易令人觉得
有幸福感

[七大实用设计计划]

　　生活就像一条小舟，它承载着本身所能承载的重量，你只能带上自己所必需的东西，多余的行李只会让自己淹没在生活中。小空间正是体现这种简单生活理念最好的实践场所。

　　面对小空间，相信大家都有"面积不足，使用困难"的焦虑，于是会产生塞满柜体将面积用到极限的想法，以至于空间越变越小。记得前几年最受推崇的观念：留白并不是浪费，适度的留白，"少就是多"！把这个概念放在空间来说，东西少空间就多了。不要认为收纳柜越多就越方便，满满的柜体反而占据了生活，舍弃多余的东西，适度留白，给自己的生活留出舒适的空间。

　　小空间其实有许多优点，人在小空间中容易感到亲切温暖、充满安全感，也使人精神较易集中。培养良好的习惯、建立正确的观念，再加上好的设计，小空间会比想象中的大。

　　设计就是生活，是帮助表现概念的方式，好的设计是能够帮助推动舒适生活的理念。在整理后，配合以下小空间变得更实用的计划，好好享受属于你的温暖小空间吧！

interview. **李果桦设计师**

资料提供 | 意象设计

1.
"好空间"
面积安排计划

　　常见的基地形状有方形、狭长形、三角形和梯形，这会影响建筑物的形状、空间格局和动线设计。大部分的人在买房前多半会考虑以方正为主的基地形状，原因是空间较完整，也牵涉到一些风俗习惯。不过不管哪种形状，因地制宜，只要设计得当都会是舒适住宅。

　　其实基地形状并不是考虑重点，应该以自己喜欢的空间形态为主，例如有些人喜欢方正格局的完整，有人喜欢狭长的深邃，有人喜欢三角形或梯形的变化等等，形状并不是决定好空间的首要因素，好的设计是可以克服或改善这些外在条件的。

Tips.

【＋专家提供的选择方案】

方案① _ 边角设置储藏

假如基地是三角形或梯形等不规则的形状，修正格局常用的方法是将突出的边角空间设计成储藏间，这样就能保持其他空间的平整度和完整性，又能充分利用到边角奇零处。

方案② _ 形状不方正也很特别

如果不是很介意空间方不方正，那么何不顺应原本的形状，使用设计上的技巧让这个零碎空间更有趣、更活泼、更有深度，在生活视觉上会有更多变化，也不一定要去修正、改变它成为制式格局，空间本来就是有很多样貌的。

2-
"好挑高"夹层利用计划

挑高住宅指的是室内高度为3.6m、4.2m的空间，因为有足够的高度，所以通常会选择加一层夹层，往上发展空间。除了可以增加小空间住房可利用的空间，也能区分开公、私区域。4.2m以上还可以做到两层夹层（共三层楼），丰富空间的变化。

增建夹层的面积大约介于总面积的三分之一到二分之一，但不要超过二分

Type01. 外挂式楼梯形式	Type02. 内隐式（内嵌式）楼梯形式

一字形

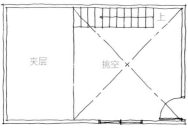

一字形

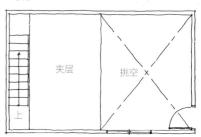

L字形

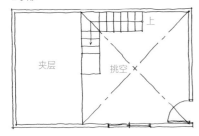

L字形

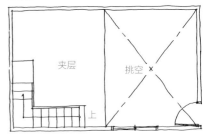

U字形

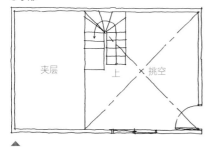

U字形

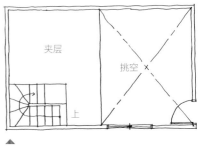

▲
优点：看得到整体外观，有表演的戏剧效果
缺点：占据一部分墙面，设计必须迁就楼梯

▲
优点：常作为客厅的挑空区拥有完整的墙面
缺点：以上下楼实际功能为主，无装饰作用

之一，否则会使空间狭隘，居住者在楼下会感到很有压迫感。

常见的夹层的样式可分为：一字形（1支梯）、双并形（1支梯分边）、S字形（线条动感）、L字形、U字形、不规则形（形状多变化），视基地形状来设计样式。

Type03. 夹层楼板形式

L字形

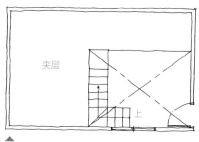

▲ 优点：窄长的区域可增加收纳空间
缺点：挑空区较小，较难呈现宽敞感

S字形

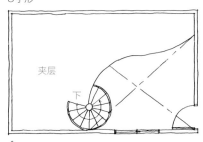

▲ 优点：螺旋梯与弧形楼板缓和空间线条
缺点：螺旋梯虽不占空间但不适合长辈行走

子母形（双并形）

▲ 优点：增加夹层区房间数的需求，可隔出两房
缺点：夹层一分为二后的空间变小，不好使用

Tips.

【 **+** 专家提供的选择方案 】

方案① _ 夹层下的小空间利用

因为下层是主要活动空间，不论是高度是3.6m还是4.2m，都应以楼下保持符合人体工学的舒适高度2.15m为基准，不宜再低。空间规划方面，通常客厅区会挑空，保持空间感，高度较低的夹层下则可设置餐厅区。用餐时是坐着，不会存在高度上压迫的问题，又因为空间较小、高度较低，人与人之间在空间的比例上更接近了，彼此在用餐时刻增加了情感的交流。

方案② _ 夹层安静、安全吗？

依现在的标准设计和技术，不用担心上下楼梯和在上层活动时会产生噪声。夹板的主要结构是以C形钢作为支撑，上铺地板板材，结构内有精密的吸音材料，做法繁复，总厚度目前已经可以薄于15㎝。好的夹层技术，包括标准做工和材料，在支撑力上没有问题，更不用担心噪音问题。

方案③ _ 要好看还是实用的楼梯？

楼梯设计通常有两大类型：一是悬空式台阶的造型楼梯，提升穿透度与轻盈感；二是利用楼梯下增加收纳柜体，随着台阶高低可收纳不同高度的物品。造型感与实用性，要选哪一种呢？假使真的有大量收纳的需求，利用楼梯下设置柜体是很好的办法。如果还有其他空间足够收纳，建议选择悬空式阶梯，可以维持小空间最需要的轻盈感与开阔感，同时也增加空间线条的趣味性。但注意下方尽量不要堆积物品，否则就失去了悬空台阶的意义，倒不如一开始就做柜体。

方案④ _ 楼梯选边站

楼梯位置会影响整个空间的动线，装饰性强的特殊造型楼梯可以摆在显眼处，例如空间正中央或落地窗前，达到表演聚焦的效果。若不以装饰为目的，设置的大原则就是尽量让楼梯往墙边或角落靠，集中完整空间，让楼下的主要活动区域保持空旷畅通，从旁边上下楼也不会影响在客厅的家人、朋友。

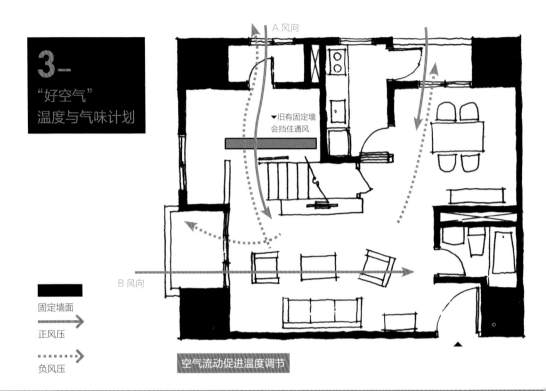

3–

"好空气"
温度与气味计划

A 风向

▼旧有固定墙
会挡住通风

B 风向

固定墙面

正风压

负风压

空气流动促进温度调节

4–

"好明亮"
光源计划

拥有天然采光，室内窗明几净，心情自然愉悦。如果有好的天然采光千万别浪费了，利用开放式格局，配合具有穿透性的材质如玻璃或镂空设计等做空间区隔，尽量引进光线穿透室内。实地观察一天当中阳光照射入室的日照角度与时间的长短，这对设计师思考空间规划是很重要的，关系到墙与玻璃门的位置要如何设置等问题。

Tips.

【 + 专家提供的选择方案 】

方案① _ 善用半遮蔽性的窗帘

如果房子只有单面采光，通常会留给客厅、餐厅，让房主和来访客人享受日光、欣赏窗外景色。采用大片落地窗充分引进光线，在不影响隐私的情况下，尽量不要用能阻挡光线的窗帘遮景，建议用薄纱或是百叶窗控制进光量，稍微遮蔽的同时也不阻挡光线。

天然的通风和采光是住宅空间最珍贵、最有价值的条件，千万不要忽视了它们的存在，这对于居住者的健康与心情有很大影响，不建议为了别的需求或设计而将窗户遮闭。小面积住宅通常窗户狭小或只有单面窗户，难以形成空气对流而影响室内的通风，但还是可以运用一些设计上的技巧以及建材来克服。

Tips.

【＋专家提供的选择方案】

方案① _ 拉门好好用

实墙会阻碍室内空气的流通，最好采用开放式空间，再配合拉门或镂空等建材做轻隔间。平时将拉门打开，尽量保持室内空气畅通，需要隔间时，拉上拉门就能轻松区隔出空间。

方案② _ 开门就能制造对流

只有单面通风，使人在室内常常会感到很闷或很热，这一定要想办法改善。通风的原理在于制造对流，有进就有出，空气自然会在室内流通。如果只有单面对外窗，较简单的方法是可以利用大门制造对流，例如加装纱门，在大门门片上方凿通气孔，或是装锁链使大门半开又有安全保障，这是不必大兴土木就可以做到的。

方案② _ 运用灯光营造不同气氛

居家中人造光源的运用也很重要，在天然采光不足时，它扮演了提供者的角色。人造光源分为基本照明与重点照明，基本照明提供基本亮度，重点照明则用于阅读和展示用途。客厅的基本照明建议选用暖白色，一方面此色介于明亮的白光与慵懒放松的黄光之间，照明和气氛的调和恰到好处；另一方面，建材在暖白色光的烘托下会呈现出更为温暖、柔和的质感。在以休息为主的房间内，光源就可以使用能够营造气氛的偏黄灯光，再搭配重点照明在阅读时使用。

方案③ _ 间接光源制造视觉效果

光源还可以修饰空间面积，常见的是使用间接光源，制造墙或天花板的悬浮效果，增加空间层次。在天花板角落打灯也可以使角落在视觉上放大。简单来说，要光源却不想显露灯具时就可以使用间接光源。间接光源也常运用在夹层，由于夹层离天花板的高度较低，若再装灯具会显得突兀与压迫，而且夹层通常是私人活动领域，不需要过于明亮的光源，故适合将LED灯镶在墙或楼梯上，提供所需的光源，也符合休息空间的气氛。

5–
"好轻盈"
家具设计计划

[＋ 专家提供的选择方案]

Tips.

方案① _ 掌握三点挑对家具

将"体态轻盈"、"低矮"和"穿透性"作为挑选的出发点。有穿透性的家具，视觉不受阻挡，可消除空间的拥塞感；家具的高度要比标准人体工学低一些，就会让空间显得开阔；挑选体态轻盈、在视觉上有穿透性的家具，例如钢管家具和玻璃桌面的茶几，或是做镂空设计，骨架粗重的庞然大物绝对不要考虑。沙发、椅子的椅背不要太高，茶几尽量要低矮。此外，选择具有折叠或收纳功能的家具，能更灵活运用空间。

方案② _ 整体要有一致性

颜色按居家风格或个人偏好进行搭配，原则上选择明快、有焦点的家具颜色，视觉上会使人感到轻盈。要注意一点，建材运用要保持一致性，表面色泽的呈现最好不要超过三种，线条造型不宜过于花哨，否则会显得纷乱。若想要多些变化，可在材料的质感上表现出一些设计构思，例如材质的相互搭配，或在表面做一些雕刻，增加纹理变化。

6–
"好收拾"
管家计划

收纳观念最重要的是"物有所归"，物品就应收纳在它"被使用"的地方，这样在使用时会很便利顺手。除了柜体，也要多利用架子、抽屉、盒子、带有床屉的床和其他附有收纳功能的家具，善用这些分类收纳物品，确保每个物品都有"家"可归。

储藏分区：储藏室最好在楼下

 储藏

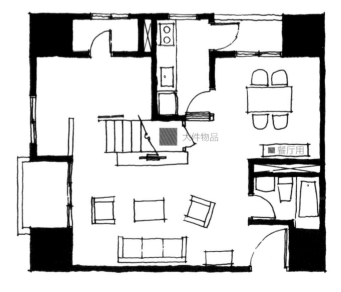

家具本身占据了一定的空间，大型家具更容易对空间形成压迫感。家具的姿态不同，风格也是各式各样，如何在茫茫家具中挑选适合自己小空间的家具？如何搭配才能避免纷乱拥挤而显得轻盈呢？

方案③ _ 抱枕、地毯点亮空间

若偏好深色家具又担心空间色调太沉，就可以直接利用抱枕，放一两个浅色抱枕在深色沙发上，马上就能产生画龙点睛的效果；或是在桌椅、沙发下适当搭配浅色地毯，也能区隔深色家具与深色地板，让颜色较沉的家具有悬浮轻盈的效果。

方案④ _ 柜体不必"顶天立地"

整面柜体在视觉上整齐完整，也提供了足够的收纳空间，但为了避免整体的压迫感，通常不会让柜体"顶天立地"，会留出上方或下方的空隙，让视觉不被填满，柜体也因此显得轻盈。请改掉将纸盒等较大型物品堆放在柜体上方或下方奇零空间的习惯，尽量保持上方净空，不堆置物品，这样柜体就不会给人带来压迫感。

方案① _ 维持书架层板水平

书不需隐藏，适合陈列但要摆放整齐，其他物品尽量收纳于有门片的柜子中。如果书架是全开放式，可以通过设置颜色、样式都协调且符合书架层板间高度的抽屉来收纳杂物。虽然每格层板的高度可自由调整，但要尽量维持书架水平的每一格高度都相同，使层板的水平线在视觉上保持统一，如果高低不同就会造成纷乱的视觉感受，从而影响高度感。要注意小细节会对视觉感官产生影响。

方案② _ 储藏室解决"大"烦恼

如果条件允许，建议还是设置一间储藏间更便于收纳，那些无法归类的、放不进去的大型物品，例如纸盒、球具和吸尘器等就可以收到储藏室内。当然储藏室里面也是要经过规划的，装钉一些层板、架子以便分类摆放整齐。假如空间是日式风格，可利用架高地板来收纳较少用到的大型物品。

方案③ _ 衣柜也可以胜任更衣间

更衣间适合置于靠近主卧室或浴室的地方，另外规划出一个便于整齐收纳衣物、饰品的空间。若空间不足，还可以用衣柜内部的规划来代替更衣间，例如设置抽屉、领带架和饰品盒等，分类摆放整齐。

开放式是小空间保有宽敞感的最好选择，但对于房间功能的划分必须有所界定并保有隐私，因此隔间还是必须存在的。建议全户隔间墙的比例为50%是实墙、50%采用开放或半开放式隔间，从而使空间畅通并维持适度的领域感。例如使用滑动拉门、柱子、窗户、矮墙和落地玻璃等设施，既可界定区域又不封闭，达到平衡的效果。

比起推门，拉门更适合用于小空间的实用设计。拉门在不使用的情况下能够整片送入墙壁夹层内，既使视野开阔又不占空间；要使用时轻松拉起拉门就能够形成隔间，清楚划分出区域。

Tips.

【 + 专家提供的选择方案 】

方案①_镜子中的世界是两倍

镜子是常见的放大空间的方式，最好选择落地式或是紧靠墙壁直角，使地板和墙壁被延伸出去。一定要注意镜子前面必须是干净整齐的空间，假如放两个箱子，镜射后就变成四个箱子，所以千万别在镜子前堆放东西。另一个可以善用镜射的地方就是浴室，浴室原本就必须有化妆镜，干脆增加镜子的面积来消除空间的封闭感。

方案②_如何呈现宽敞的客厅？

大件家具如收纳柜、书柜的体积庞大，容易造成压迫感，除了使用设计技巧，例如设置在梁下，再搭配建材以呈现一致性来互相融合外，尽量不要将柜体做满天地，并且柜体上方要保持净空才不会造成更高大的压迫感。

客厅被电视、电视柜、沙发、收纳柜和书架等大型家具环绕，这时就要尽量降低电视柜的高度，并且保持电视上方净空，再配合低椅背的沙发，客厅自然呈现出宽敞的效果。

方案③_大小梁的隐身方法

修梁的同时最好也结合功能。若是靠墙的梁，小梁下可摆放书柜，大梁下就可设置体积较大的收纳柜体；若是贯穿空间的梁，适合设置结合收纳功能的隔间墙。另一种修梁方式是再做一道假梁，形成对称，缓和视觉的突兀，再配合间接光源来修饰，原本碍眼的梁在修饰后产生了明亮、阴影等不同的空间层次变化。

方案④_开放式厨房烹调不用担心

开放式厨房很适合小空间，不会有封闭感，厨房空间也能兼做餐厅或吧台使用，功能合并是小空间在功能需求上的要诀。如果饮食习惯上有大火快炒的需求，可在靠近阳台处设快炒区，再加装拉门，在料理时拉上拉门就不会有油烟味影响其他空间。

方案⑤_深色的深邃感

一般想要宽敞感会马上想到浅色调，其实深色也会有延伸感。如果家中大部分都是浅色调，就可运用暗色制造视觉上的空间延伸感，也会给人安定的感觉。例如走道末端的端景墙就是运用效果很好的地方，但要注意保持墙面干净才会有走道尽头很深邃的感觉。

1. 整户隔间墙的比例是 50% 实墙、50% 半开放拉门。

2. 开放式厨房若有略高的吧台，就可以挡住混乱，也可以加设拉帘隔油烟。

3. 降低电视柜的高度，配合低椅背沙发，高度一低就有亲切感。

4. 善用不同朝向的垫高地板，就能把收纳设计到极致。

33m² 住房装修实境秀

设计师只教朋友的方法
很巧妙、很便宜、高享受又很健康的舒适设计

因为设计师与房主相识很多年，所以房主一开始坚持不做改变的部分，设计师都阶段性对房主进行说服。为了提升生活品质，设计师做了许多很费工、不赚钱的创意设计。因为设计不只为了美观或舒适，更应该买到"自在"。

住宅现况诊断书

房主原本住在郊区90m²的住宅里，去年决定搬到市区自有的小套房中，过来的10个纸箱堆满夹层，小小的厨房台面光是热水瓶就占满了空间，给生活带来了不便，所以决定要请设计师来解决。一开始房主只想解决厨房的问题，不想花太多经费……

症状	设计师药方
A 室内仅33m²的夹层屋，房主计划住多少年？	**"过渡"的族群需求：**小面积住宅本来就是人生当中某一段时间居住的建筑，例如单身、新婚夫妻或是退休人士（子女长大离家）。本户房主可能在2~3年内换购大一点的房子，因此整个设计既要方便房主生活，也要适合出售给各种需求的人群。
B 跟在房主身边的两只猫，有砂盆等习惯性的问题必须考虑。	**看不见动物生活的痕迹：**设计师养过宠物，了解宠物的习性，但本户将来肯定会出售，因此宠物的物件必须融入设计中，不能影响下一位购房者，可使用耐磨建材、砂盆与家具组合。
C 这个房子面对6车道大马路，唯一的优点是朝西采光好，但是也失去了景观，车声也很吵。	**创造住宅新三大优势：**为了生活质量与价格，第一是要帮这间住宅创造景观，利用马路中央的行道树绿景和天空；第二是减少车辆噪音；第三是营造宽敞感。
D 楼层户数多，排列在同一平面上，影响空气流通。	**强制空气循环：**窗户只在西边，加上宠物猫毛与大马路带来的灰尘，只好以"人工换气"的方式"强行"制造室内空气循环，保持好味道。
E 女性的衣物与配件数量多，必须新增一个地方安放这些东西。	**更衣室有双动线：**原来占据夹层的衣物要被安排在靠近主卧室的地方，如果新的家庭有孩子，也必须让另一个家庭成员能够使用，因此用两道滑轨创造出另一条路径。
F 隔间对单身人士的意义是什么？	**真正两室两厅设计：**小面积的房子如果能维持"两室两厅"，在未来销售时就是很大的优点，但是现在也必须让单身的房主觉得空间宽敞又好用，一次来6~8个朋友也不会拥挤。

<table><tr><td rowspan="2">设计规划
Begin!</td></tr></table>

设计规划
Begin!

在第一次的会议中，房主李小姐准备了以下问题，需要设计师来解答。

Q 房主的担心

『33 m² 的房子，不能取消楼下主卧室，格局要怎样安排，会不会影响将来出售？』

A 设计师提供的选择方案

☐ 1. 保持原本所有的隔间墙，仅做简单的表面整理。
　+影响： 施工时间短，但是房主拥有的物品再放回来，还是一样拥挤，将来要出售时不一定能增加销售利润。
　$费用： 只换主卧室房门2150元。

☑ 2. 主卧室与客厅之间的墙拆除，加设滑轨门，应对一个人或是大群朋友来访需要的不同尺寸。
　+影响： 优点是空间看起来宽敞，缺点是如果来访的家人作息不同，会影响房主休息。
　$费用： 增加2322元。

☑ 3. 要变身两室：保留厨房上方的圆夹层，只当作客房，在主卧室上方增设储藏室。同时修改已经使用了18年的整体卫浴。
　+影响： 大幅度变更格局，无中生有增加了5m²室内面积，其实等于增加1个房间。未来在销售房屋时，比较容易令买方觉得房间数多又划算。
　$费用： 增加浴室17200元+更衣室楼板10750元。

Q 房主的担心

『阳台一定要外推吗？不能种花草与晒衣服，觉得功能不够使用？』

A 设计师提供的选择方案

☐ 1. 不变动，把旧的落地窗滑轮整理一下，方便推拉即可。房主虽然喜欢种种花草，但打扫工具、猫砂盆、洗衣机还是让阳台像工作阳台。
　+影响： 本户还是没有创造出景观价值。
　$费用： 增加0元。

☑ 2. 阳台外推，拆除落地窗，地面修补，放弃原来的窗型空调与花园，室外窗户全部更新。
　+影响： 新增设分离式空调与室内装机。
　$费用： 增加21500元。

☐ 3. 阳台外推，多出来的面积可以当作用餐区，因此可以取消原本由木工制作的活动台面。
　+影响： 买餐桌，可以看着行道树绿景用餐。
　$费用： 节省2580元。

☑ 4. 阳台外推，此区暂时只放大尺寸沙发，保留活动餐台，将来可供三人同时下厨做菜。
　+影响： 不买餐桌。
　$费用： 节省1505元。

空气方案　进气：外百叶窗1200元、换气冲孔铝板230元。
换气：无声抽风扇340元。

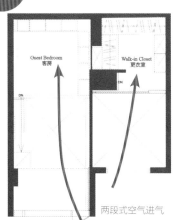

抽风扇

猫洞

换气冲孔铝板

两段式空气进气

2F

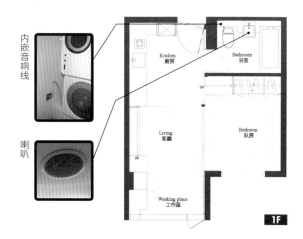

抽风扇出气

进气

抽风扇出气

1F

影音方案　音源线230元、喇叭230元。

内嵌音响线

喇叭

2F

1F

双开关方案　双切便利型开关364×2=728元。

大门旁

楼梯旁

主卧室

主灯

卧室灯

2F

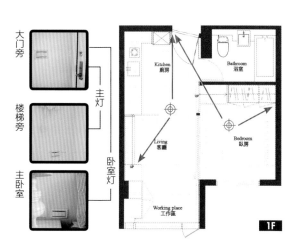

1F

Q 房主的担心

A 设计师提供的
选择方案

『新厨房还是设在无开窗的原位置，油烟问题如何解决？』

☐ 1. 增设厨具排油烟机抽风管，将油烟拉到管道间，但天花板高度会更低而难以使用。

＋影响： 这个动作若影响到邻居，很可能被抗议而必须拆除。

＄费用： 增加2150元。

☑ 2. 更换新大门，附有通风孔，让大楼走道的风可以进来。

＋影响： 隔音将变得很差，同时别户的油烟也可能飘进室内。

＄费用： 增加6450元。

☑ 3. 在阳台窗户上设置24小时抽风扇，加强室内空气流通，并将猫毛排到室外。

＋影响： 增设开关与换气扇，还要做天花。

＄费用： 增加1720元。

施工开始

拆除与大楼保护工程　第一周

▶▶ 工程日报表 ◀◀

保护工程：电梯内、大楼大厅和走廊（珍珠板＋10mm厚大芯板）

全室拆除、清运废料

现场勘验空调

现场勘验木工

搭鹰架

Q 房主的担心

A 设计师提供的
选择方案

『原来的夹层楼梯一定要换新的吗？』

☐ 1. 不拆除，仅将表面楼梯踏板换掉。

＋影响： 楼梯下方还是很暗，原有的42寸电视机恐怕放不下。

＄费用： 增加梯面2150元＋换电视5375元。

☑ 2. 改成悬浮式楼梯，视觉感很轻。

＋影响： 铁工要进场。

＄费用： 增加4300元。

水电迁移　第二周

▶▶ 工程日报表 ◀◀

进料、放样、冷热水管配置

空调铜管配置、排水配置

浴室开关、洗衣机开关、热水器移位、浴室配管检查修正

厨房冷热水、厨房开关出线、电视开关出线

内部电线全部更新

Q 房主的担心

『洗衣机的装设办法有哪些？』

A 设计师提供的选择方案

☐ 1. 装设在厨具下方，空间干净但是牺牲厨房收纳空间。
＋影响： 要换滚筒式洗衣机。
$费用： 增加3870元起。

☑ 2. 维持在阳台，要把热水器、燃气表整合成一个工作室，但一进房间会有很大的体量在眼前，而且还要重新设计晒衣服的位置。
＋影响： 需要移动旧热水器和冷热水管，包裹在百宝工作箱内，上半段有户外通风与热水器的热气可以晒贴身衣物，下半段就是洗衣机的位置。还设计了Z形晒衣杆，可晒大件衣物。
$费用： 木工制作箱体与水电迁移10750元＋新购洗衣机增加1505元＋晒衣杆320元。

☐ 3. 舍弃在家洗衣服的习惯。
＋影响： 但要外出洗衣，很重很麻烦。
$费用： 0元。

泥作、砌砖进场　第三、四周

▶▶ 工程日报表 ◀◀

泥作材料进场、拆除后粉平、浴室垫高

浴室防水工程（弹性水泥＋玻璃纤维）

垃圾清运

浴缸安装

浴室贴地砖

Q 房主的担心

『要浴缸还是淋浴间？』

A 设计师提供的选择方案

☐ 1. 淋浴间采用完全透明的隔屏
＋影响： 视觉穿透整间浴室，非常宽敞。
$费用： 2580元。

☑ 2. 因为只有一间浴室，一定要用浴缸才有享受酒店的气氛，再加上淋浴拉帘。但浴帘会发霉，要常换。
＋影响： 浴缸会占据面积，还要增加淋浴杆与淋浴拉帘。
$费用： 450元。

☑ 3. 在没有窗户的浴室装设音响出线口与喇叭，提升音乐享受。
＋影响： 希望房主享受在浴室的时间。
$费用： 增加430元。

▶▶ 工程日报表 ◀◀

浴室隔间水泥板、天花板和厨房下脚料

厨房隔屏

夹层施工

浴室与阳台封板

浴室灯箱木作

更衣室与洗衣机柜体施工

天花造型施工

Q 房主的担心

「我很喜欢多一间储藏室，可是通往上层的楼梯如何设计？因为这里剩下的空间很小。」

A 设计师提供的选择方案

☐ 1. 穿透式的木梯做法，需要空间比较小。

＋**影响：** 仅能提供上下楼使用。

$**费用：** 增加3870~4300元。

☑ 2. 橱柜阶层式做法，可以当作书架，但是台阶级距比较大，上楼要稍费力。

＋**影响：** 用木工制作，有楼梯与书柜双重功能。

$**费用：** 增加4300元。

☑ 3. 梯面不够深，为了安全，将1/2立板挖空，脚板就可以安全平放。

＋**影响：** 已经含在木工费用中。

$**费用：** 0元。

Q 房主的担心

「入门处壁面与电表箱如何安排？」

A 设计师提供的选择方案

☐ 1. 维持原状，只换浴室的门片，采用电表箱装饰画作。

＋**影响：** 只是换新，墙面还是被分成很多断面。

$**费用：** 2150元。

☑ 2. 连同浴室门片一起做造型墙，把墙面拉长。

＋**影响：** 安装能让浴室门自动关闭的五金，把浴室隐藏起来，避免了面对厨房的习惯忌讳。

$**费用：** 5375~6450元。

Q 房主的担心

「关于宠物猫的生活方式与生活用品应如何安排？」

A 设计师提供的选择方案

☑ 1. 猫砂与猫毛常会影响生活环境的品质，应该要包覆起来，让访客看不到它们。

＋**影响：** 安排在工具柜内，和洗衣机合并。

$**费用：** 0元。

☑ 2. 宠物的味道常常会留在室内，所以柜内要有通风安排，让猫砂的味道自然消失。

＋**影响：** 希望室内空气流通与保持清新，增设通风等设备。

$**费用：** 增加外百叶窗1075元＋换气冲孔百叶215元。

厨具进场　第八周

▶▶ 工程日报表 ◀◀

厨具水平测量

安装厨具、水槽、水龙头

安装灯光、预留插座、包覆厨具保护

Q 房主的担心	A 设计师提供的选择方案

"厨具区不是都要贴瓷砖吗？"

☐ 1. 传统方法贴瓷砖。
　＋影响： 建议将墙面全贴满，不要只贴中段。
　$费用： 增加4300元。

☐ 2. 也可以只刷油漆。
　＋影响： 质感比较差，也不好清理。
　$费用： 215元。

☑ 3. 贴镜面
　＋影响： 拉大空间宽度，改变室内气氛。
　$费用： 645元。

系统柜进场　第九周

油漆进场　第十周

铁作进场　第十一周

验收

▶▶ 验收注意事项 ◀◀

水电、灯具是否正常？

设备操作是否正常？

建材表面有没有损伤？

猫咪肯不肯试用厕所？

铁工制作滑轨门是否符合推拉方向？

楼梯结构是否稳固？

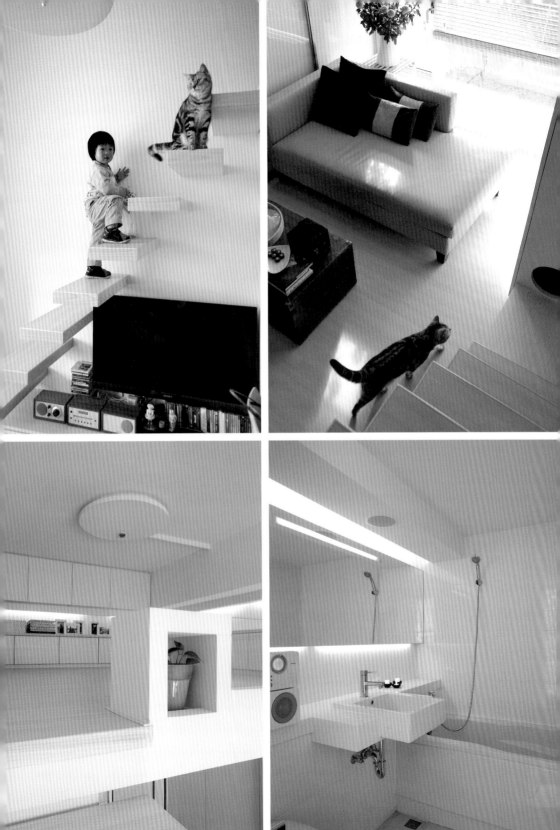

C

不同居住
人数设计
方案
30个

SMALL
SPACE
HOME CASE

设计中所谓的风格、风尚，只是为了让消费者容易体会，呈现出品位的表面结果。整理出消费者在居家空间中的基本需求，才是让消费者在日后生活中得以从"家"获得幸福的必要功课。

+ 幸福法则Point.1
列出生活清单：
需求vs预算的天平

为什么我们应该"整理"出自己的生活习惯？

因为需求量和预算量的关系非常紧密。我们只能清楚地整理需求并安排强弱次序，才能依据自己的生活模式进行空间设计，控制预算配比。

具体来说，空间格局一定有满足需求的基本功能，但是预算要放在哪个项目，会因为生活空间的时间长短、个人生活模式而有所不同。例如两个家庭是否在家用餐，对于厨房空间大小与所需的周边设备，自然会衍生出不同的价格结果，其中光是厨具的品牌与规格就可能出现高达数倍的预算落差。

你会在家招待朋友吗？家庭成员对话的时间段只在餐厅？是否运动？做不做手工艺？自家生活模式、特殊喜好都会造成客厅面积、空间需求与预算、家具相对调整的连动结果。通过自身的沉淀、过滤、梳理，才能提供给设计师最明确的信息，转而发展出更周到而无憾的服务。

+ 幸福法则Point.2
知道自己所需：
现在模式≠未来生活

你对未来的期待与需求是否贴切？

无论你打算购买精装修住房、委托设计师或是自己设计、发包，你对于居家空间究竟怀有什么样的期望，决不是"风格"或是"几室几厅"这种简单的回答。需求是抽象和梦想的总和，因此是必须正视的第二个课题。

文学家John Ruskin曾说："世界上最大的悲剧，就是不知道自己要的是什么。"

我们追求的最基本的一定是"健康"与"舒适"的生活空间，所以一定要在自家的设计过程投入足够的心血和关注，与设计师和施工人员保持沟通并随时了解设计与工程进展情况，毕竟没有什么事是比保障自己与家人的舒服、健康和幸福更重要的。

如果在意的是健康，对于使用材料就要很关注，例如油漆是否含有过量二甲苯、家具材料是否环保、长时间使用是否安全等。

"舒适空间"除了满足基本需求外，还包括是否照顾到老人、儿童等对象。当你在思考所需的生活空间时，至少要放眼十年后的生活需求，以使空间的宜居周期更长、更能关照不同时间段在同一个屋檐下的生活，毕竟真正适合长时间居住的好空间，还得经得起时光的试炼才行。

+ 幸福法则 Point.3
寻找合适设计师：
关注人也关注设计

设计没有正确与否的判定，但设计师的社会性与生活经验的丰富度，以及对于"人"的关照细致度，可能导致其将设计能力转化在对消费者生活形态的实际关照上，存在设计细致的观点及落差。

小空间由于受到面积的限制，在满足基本生活功能的空间单元的需求下，能进行大刀阔斧的设计的剩余空间相对有限，取而代之的设计表现在复合设计或收纳规划等"看不见"的设计能力上，消费者在参考相关案例时也应有足够的认知，认识到在不同规模的空间条件下设计必然会呈现差异性结果。

空间的大小与规划关系着消费者日后的生活使用与设计者的规划能力，因此不要怕麻烦，与设计师进行沟通交流，倚重专业能力归纳出有舍有得、有强有弱的空间序位，必要时也可以凭借复合式的设计手法，让各种功能得以发展出相互融合的主从存在。

消费者必须先了解所购买

的空间在各种法规规范下的相互关系，要认识到通过"做功课"认识新家的必要性。设计师固然有一定的专业服务能力，但消费者不能直接将空间设计全权交给设计师处理。

做一个具有基础知识的业主，优点是除了更容易与设计师讨论、对话外，还能避免因为不了解而产生的施工纠纷，尤其是未来建设管理的相关法规对于违建管制将更趋严格，房主若只一味希望空间扩大，例如阳台外推、楼顶加盖和设置夹层等各种要求，却不了解日后可能面临取缔或拆除的处罚，一定会导致自身权益受损，也增加了一笔用来修补的费用。

现在许多大楼的物业都会要求施工方申请办理"住房装修"的相关手续，通过建筑师与室内设计师的合法渠道，也能保障消费者的利益。如果心存侥幸不申请办理，反而可能因此受到处罚。

由于室内设计的施工过程复杂，双方可能因为语言落差而

+ 幸福法则 Point.4
求知识也讲权益：
法律纠纷不上身

产生误会与纠纷。为了确保与设计师合作的权益，你一定要采用以下几个未雨绸缪的方式。

① 签订详尽的协议书

与设计师签订委托协议时，消费者可要求清楚地标记明细，并以明确的数量取代"一些"字样，以避免协议文字出现认知模糊的地方，并就个案的复杂度或规模与设计师建立一年以上保修期的共识。

② 要求分阶段验收

内装工程的基本项目主要为天花板、木工和地板，消费者可在签订协议时要求进行分阶段验收，签订方式可采用根据执行工序进行分阶段验收的方式。

③ 多关心幸福基地

进入施工阶段后，消费者必须要对自己的幸福基地多加关心。由于施工人员在现场来来往往，公司管理人员未必天天到场，有时不免发生A项目已竣工但B项目进行时却不慎导致了对A项目的破坏的窘况，或未依设计图施工、存在瑕疵等状况，只有多到场了解才能及时处理。

无论什么样的家居风格，"家"始终是我们最好的避风港，在空间里创造的记忆镌刻着生活所获得的温暖、与家人互动的温馨，家是产出幸福的基地。通过对家人的爱与行动，在打造幸福基地的过程中别忘了多进行一点沟通、多表达一些关注，期待各位都能打造出独一无二的幸福之家。

6万元大挑战
26 m² 太空舱概念大套房

① 结构梁大又深，小小的空间更有压迫感 >
我以一道太空舱的弧度造型壁面，从电视墙延伸上天花板包覆到卧室区，曲线柔化空间中的硬朗线条，卸除沉重的横梁压力，也避免床头压梁的现象。

② 开门就直接看到厨房，设计感与观感都不好 >
透光性强的棉纸卷帘当作厨房轻隔间，解决视觉直入与设计习惯的问题，也保持了屋内的自然采光的明亮度。

③ 大门向内开，入口又狭长，很难利用 >
采用玄关奇零空间设置多功能柜，兼具鞋柜、衣柜和收纳功能，采用滑轨拉门方式，节省了开启门片的空间。

■ "不太满意原本的浴室，希望能放得下双人床，我习惯在床上看电视，一定要有壁挂电视，避免大门一开就看见厨房的设计问题，然后……我的预算是4.3万。"面对房主的各种要求与近乎底线的刀刃预算，小小空间要满足所有生活起居，设计师想出以前卫的太空舱概念打造26m²小套房，完成预算又保证能让房主满意的方案。**■**

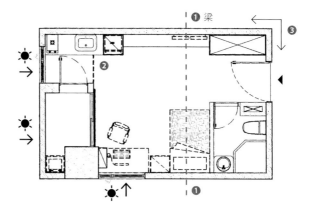

❶ 梁

| Case Data |

设计公司 _ 朗璟设计工程
ifdesign（如果设计）
室内面积 _ 26m²
室内格局 _ 卧房、厨房、卫浴
使用建材 _ 染白的橡木、壁纸、油漆、棉纸卷帘

2

1. 绿色立体纹路壁纸铺陈的太空舱弧度造型，从电视主墙面延伸上天花板，形成象征客厅区的空间界定。下方的开放式收纳柜配合内嵌灯光设计，光影变化烘托空间氛围。

2. 床头旁的边柜可以根据房主的使用需求进行自由移动旋转，是方便房主的床头柜。放置床头灯辅助阅读照明，转一下就成为平时的收纳矮柜。

3. 四周环山的好环境，让小小的空间好像拥有整座山林般的宽阔。

3

＋太空舱概念
打造小空间

小空间是一种挑战，尤其是预算低，还要满足全面的生活功能、收纳功能和区隔性的问题，整体格局划分需要谨慎思考设计的重心与房主功能需求的比重。小空间要简单满足生活的基本需求，与太空人在太空舱中的生活状态非常类似，于是激发了设计师以太空舱概念进行装修的计划。

电视墙的设计特别以弧度来表现太空舱造型，延伸包覆到睡眠区，形成一道稍有弧度的拱，提升看电视时的质感与享受，满足了喜欢躺在床上看电视的房主的需要。

至于收纳的功能性规划，设计师利用玄关横梁下的空间"集中整理"，设置拉门式的多功能收纳柜，可收纳衣物、杂物和30双以上的鞋。电视柜的下方还有整排的开放收纳空间，延伸过去是直立的厨房电器柜，收纳功能精简、完备。

＋小家其实也很大

这间房子的户外就是一大片山景，拥有极佳的景观视野。为了充分享受居家珍贵的自然美景，除了卫浴空间必要的实墙区隔外，客厅与厨房之间以透光性强的棉纸卷帘设计轻隔间，解决进门直视厨房的问题，也不阻挡天然采光的直射。

尽量维持空间开放式的设计，大量引进新鲜绿意，整间房子充满了大自然的气息，使得家中每个角落都是大自然的一部分。虽然室内只有26m²大小，但感觉就像是拥有了整座山林。

4

Tips.

Budget
预算分配

总预算 ▶ 6万元（不含设计费、监工费、活动家具、空调、家电）
①木作工程 ▶ 2.8万元
②油漆工程 ▶ 1.16万元
③窗帘＋壁纸＋玻璃 ▶ 1.03万元
④水电＋灯具 ▶ 0.86万元
⑤清洁 ▶ 0.15万元
（以上为个案预算，详细情形请咨询设计师。）

+ 突破需求重围
预算花在刀尖上

难得拥有"自己的空间"，终于有机会实现心中众多的想象与期待，于是常会陷入需求与预算认知的落差之中。这时设计师要冲破房主众多的需求重围，要房主想清楚自己目前在生活上最重要的需求是什么？钱要花在刀刃上，有限预算更要花在刀尖上，理清重点需求，其他生活上的功能即使以基本形态处理也没有关系，毕竟小套房空间不会居住一辈子，几年后就可能会换房子。

虽然不太满意原本的浴室和厨房正对大门的格局，但以目前单身的生活习惯来说，这两个空间并非是亟须改善的大问题，应该把钱花在重点需求上，节省不必要的开销，所以厨房和浴室还是维持原本的配备和格局，以棉纸卷帘作为厨房的隔间屏障，将来有预算时可以直接更换设备、升级质感，也不会影响到其他的生活空间。

4. 墙上的层板是方便随手拿取的书架，也是简单大方的展示架，搭配简洁的书桌，一边工作一边欣赏好山景。

5. 电视墙经由天花板延伸到睡眠区，形成一道拱，曲线天花造型解决床头压梁问题，睡眠区也使人有被包裹的安全感。

6. 厨房电器柜旁搭配使用棉纸卷帘作为厨房的隔间屏障，解决视觉直入的问题，同时不影响天然采光，整个房间充满了大自然的气息。

惊奇暗门 ⓐ m² 双倍容量
无所不在的隐藏式收纳

■设计师在多处运用隐藏式的暗门设计，将双倍收纳量巧妙融入一个人居住的小夹层空间，暗门一开都是令人惊喜的收纳空间。柜体立面的虚实设计配合灯光，营造空间层次感，丝毫不会让人感到压迫与拥挤。强大的收纳功能，就算住两个人也绰绰有余。■

Opinion.
谢长佑设计师诊断

① 没有阳台晾衣服>
我在采光好的厨房区域，利用天花板凹槽规划升降式的晒衣杆，要用时就将衣杆降下，客人来也不用担心影响美观，只要将晒衣杆往上拉，连衣物都可以缩进凹槽藏起来。

② 夹层容易使人产生压迫感>
我特别将中段客厅区的天花板高度降低，以高低落差营造视觉上的立体感与层次感，由夹层区看去，感觉夹层空间高度较高，消除了压迫感。

③ 夹层下方的书房容易使人产生封闭压迫感>
特地保留书房的对外窗，引进自然景色与采光，完全消除夹层下方低矮空间的封闭感。

| Case Data |

设计公司_赫升设计
室内面积_40m²，另加建夹层，房高3.4m
室内格局_两室一厅
使用建材_硅酸钙板、柚木地板、灰色石英砖、印度黑大理石、枫木、樱桃木、清玻璃、水泥板

1

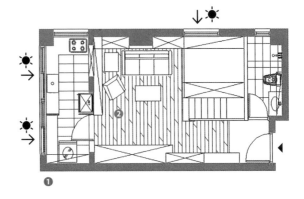

↓☀

☀→

☀→

❶

❷

2

1. 利用垂直立面创造层次，以木作柜体叠出空间立体感，从夹层往客厅望去，透明玻璃扶手让视线完全不被阻挡，保持寝区的独立性，又能使空间开阔、宽敞。

2. 夹层区域发挥设计师小空间大利用的功力，不但上方书柜后方隐藏着独立储藏室，下方还有富余设计出一间书房。特地保留的对外窗，让房主在书房内用电脑也不觉得压迫。

3. 靠近对外窗的位置规划为厨房区，设置整排玻璃窗充分引进好的采光，搭配黑色大理石台面厨具与米黄色橱柜，营造简洁、干净的质感。

＋一个夹层
创造多处惊奇收纳

在进门的右侧设计了夹层，创造出独立的玄关与走道，更将收纳柜和浴室以木作门片隐藏进楼梯下方空间，形成利落、完整的玄关，原来暗后别有洞天。

顺着通往上层主卧的楼梯往上，迎面是一整面书柜，更令人意想不到的是，书柜后方是利用浴室上方空间规划的储藏室，平常较少用到的吸尘器、行李箱都可以收纳进去。光是利用一个夹层，就创造出如此多元的秘密收纳空间。

电视柜也有玄机，平整的木制门片，打开是各种高度的层板与抽屉，收纳大大小小的物品都没问题。难怪空间小归小，却可以收纳双倍容量的物品，并且丝毫没有柜体堆叠的压迫感。

＋层次虚实手法
消除压迫感

收纳柜的立面设计以门片和玻璃层板来表现虚实，玻璃层板的悬浮感减轻了柜体的堆叠感。例如沙发后的柜体，中间一部分是以玻璃层板嵌入的展示架，与四周的柜体门片搭配，创造出虚实的层次感。将柜体延伸至厨房入口，更有拉长空间的视觉效果，重点光源营造的展示架收纳柜仿佛是闪闪发亮的光盒。

容易带来压迫感的夹层区，借助不同高度的天花板设计，配合内嵌灯光，表现出空间的立体层次感。夹层区与厨房区的天花板高度较高，中央客厅的天花板稍低，视觉上因为天花板有高低落差，感觉夹层区较高，消除了身处夹层的压迫感。

＋厨房玻璃门
挡油烟不挡采光

小面积的户型通常只有单面采光，因此想办法引进光线到室内是很重要的。这间房子的采光面来自于厨房，于是设置整排玻璃窗充分引进光线。采用玻璃拉门的半开放厨房，拉上拉门即可阻隔油烟，而玻璃门又不会阻挡采光。即使拉上拉门，视线也能穿透、延伸，将空间感拉到最大。

此外，也有妙招解决小空间没有阳台可晒衣服的问题。利用通风、采光好的厨房规划出晒衣区，刻意留出厨房旁的天花板凹槽，设计升降式的晒衣杆，只要将晒衣杆往上拉，连同衣物都可缩进天花板凹槽，不会影响到视觉美感，是非常适合没有阳台的小空间居家设计。

4. 在紧邻厨房的角落，设计师特别针对房主单身的生活设计了洗衣区。为了避免晾衣时影响空间美感，更利用天花板落差配置升降吊杆，兼顾美感与功能性。

5. 浴室隐藏在玄关处右侧楼梯下方空间，入口与木制柜面融合在一起。浴室内天花板以层次天花隐藏灯光，搭配全透明的淋浴门片，营造日光洒落的感觉，拉高、拉宽空间感。

6. 设计师特别用小马赛克砖铺设墙面以修饰空间比例。洗脸台区的上方浴柜以无框镜做门片，让空间依靠反射"扩大"，小浴室也能明亮、宽敞。

5

4

6

Tips. 施工过程重点分析

Ⓐ夹层工程

睡觉、阅读、收纳都靠夹层搞定

夹层以方口铁为钢结构支撑搭配木作工程来实现，将夹层与天花板间的高度设定为1.8m（楼层总高为3.4m），让人站在夹层上也不用弯腰，更符合行走的舒适度；而夹层功能除了上方的寝区与下方的书房，更在楼梯下方暗藏收纳空间，让小小的夹层发挥最大的实用性。

Ⓑ木作工程

利落的木作柜体线条内含丰富收纳空间

设计师特别注重在小空间中的立面表现，为了不造成空间压迫感，他在柜体处理上以大片门片来处理利落的线条。但打开门片之后，内部则是经详细设计的抽屉、层板，让房主的物品可以各归其位，空间自然有条有序。

Ⓒ厨具工程

地梁变身厨具与座台

此户在原始的建筑结构窗下本来就有外露的地梁，让空间产生了不平整的墙面，因此设计师特别自行定做厨具，巧妙地将地梁隐藏在厨具下的柜体中，看起来清爽舒服，延伸至洗衣区的地梁则改为香樟木座榻，成为房主另一个可休闲的角落，彻底解决了地梁问题。

▼ⓐ夹层楼梯立面图

▼ⓑ电视柜内部立面图

▼ⓒ橱柜立面图

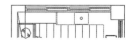

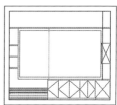

Home Case

错位高度变三层
50 m² 纯白空间大视野

①柜子一放空间就变小>
将收纳功能集中在一个墙面上，沿着楼板下方设天花吊柜，接着是开放式书架，收纳量都经过计算。

②房主希望以白色为主>
利用不同材质所表现出的白色不同，透过隐约色差与黑色点缀，避免视觉上的死白。

■跳脱小空间的设计，以功能为主，坚持要让空间表现出独特个性，定位是休闲及招待使用的房子。三层的空间清楚地区分区域，一个墙面包括多种功能，以不受拘束的环绕视觉创意，展现令人印象深刻的纯白美感。■

|Case Data|

设计公司_台北基础设计中心
室内面积_50m²
室内格局_一室一厅
使用建材_黑色烤漆玻璃、染灰实木踏板、茶色玻璃、PVC木纹地砖、环氧树脂、板岩砖、烧面黑色花岗石、白色烤漆玻璃、喷漆、毛丝面不锈钢

1. 皮革沙发、烤漆茶几、素面鞋柜与素料地面，看似全白的主题色彩，其实是透过不同材质表现隐约色差，使色彩不会过于死板。

2. 两道楼梯分出了三层区域，用楼板清楚地区分各个空间的功能属性，进入大门是宽敞的客厅，上层是私密主卧，较少用到的厨房及卫浴则设置在最下层。

3. 一面墙由上而下涵盖了天花吊柜、开放式书架和厨房收纳柜，收纳量都是根据房主的生活习惯经过计算的，是美感与功能极致融合的表现。

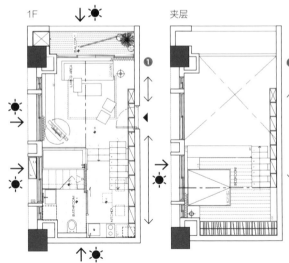

＋设计 _ 台北基础设计中心　图片提供 _ 台北基础设计中心　文字版权 _ 美化家庭杂志

＋360度环场视觉
无受限

原有的格局夹层已规划在内，隔间拆除与空间配置成为在有限的格局里玩出新创意的关键，加上对白色系的喜好与坚持，通透的空间、清爽的视觉表现成了设计的重点，制造出令人印象深刻的纯白体验。

为了使生活零受限，设计师在空间配置上花了特别不同的心思。用两道楼梯分出三层，夹层楼板延伸成上层的主卧空间；使用频率较低的厨房、卫浴推移至最下层，其余空间则保留给中层的客厅使用；采光好的大面落地窗搭配穿透性强的玻璃建材，成功打造出不受限的360度环场视觉。能想到的小面积缺点，例如空间狭隘、收纳不足、视觉凌乱、楼梯压迫、采光不好，全部消融在开阔的美感里。

6

✛ "墙"力收纳与美感的双效极致

坚持自己品位的年轻房主，将房子定位在休闲及招待使用，重点需求与大多数房主不大相同，天、地间的时尚美感比海量收纳更重要，但隐藏的零碎物品还是要有个"家"，不只将生活习惯纳入设计中，甚至收纳量都是根据房主的购物习惯计算的，刚好满足收纳需求。在有限的空间里，只利用了一道墙面，由上而下涵盖天花板吊柜、开放式书柜兼展示架、厨房收纳柜，达到功能与美感共存的极致。

更特别的巧思在于直接利用书架层板兼做楼梯扶手，省去另外做扶手的视觉干扰，保持空间纯净美，并且拾级而上刚好拿得到高处的藏书。台阶高度控制在18厘米，可有效减轻膝盖关节承受的力道，让上下楼梯更安全省力。

✛ 家具摆脱牵制，释出大空间

当设备、物品被固定，空间规划就会受到牵制，有时换个角度，反而有种豁然开朗的惊喜感。将位置常被固定的电视移至墙角，改变其与沙发的相对位置，并且电视机还能反转，面向玻璃后的浴室，泡澡时看着电视，完全沉浸在放松的氛围当中。家具摆脱牵制释放出更大的活动空间后，生活主权重新回归到人身上，能享受自在空间。

这个小空间的私房设计，首先区分空间属性，将较少用到的厨卫、公共厅区和主卧分别规划在三个层的空间中，形成每层互不干扰的完整空间。其次是让一个墙面拥有多种功能，其他墙面则留白或保留落地窗的通透视觉，再配合建材及色彩，小空间能达到如此美感与功能交融的境界，足见巧妙的设计构思能突破现状。

7

---

4. 书架层板兼楼梯扶手，不用多做扶手，维持了空间的纯净。在较高处的藏书，拾级而上都能拿得到。

5. 上层主卧的床头以简约设计保留采光，茶镜玻璃的衣柜门片，在具备遮掩功能的同时也能反光。

6. 最下层1∶1平衡比例的厨卫空间，以单道滑门作为简单隔间，拉上拉门，两个独立空间互不影响。

7. 在最下层的卫浴空间，与客厅隔着一道玻璃，电视设有旋转机关，在每个角度都能随性收看，泡澡放松时也能观看电视。一个人居住能够享受整个空间，不必有隐私顾虑。

360度自由环绕
⑤⑥m²的空间自己决定大小

■开放式的自在空间，玻璃拉门替代了实体隔间，各个空间的大小全由自己决定，人可以和光线一样无拘无束地在空间中自由穿梭，色彩与灯光的妥善利用让空间变幻有层次感，20年的老房也有了新的活力。■

Opinion.
王思文、吴承宪设计师诊断

① 小三室两厅的格局，不适合一人使用 >
将三室改为两室，再将两间主卧和工作室合并为半开放空间，搭配拉门设计就能使各个空间轻松独立不受干扰。

② 狭长格局仅前后有采光，中段很阴暗 >
拆除客厅和餐厅之间的实墙，改为开放式空间，透明的玻璃拉门设计使光线不受阻挡，将前后端采光引到中段。

| Case Data |

设计公司 _ 摩登雅舍 + 太河设计
室内面积 _ 56m²
室内格局 _ 一室两厅、工作室
使用建材 _ 柚木、玻璃拉门、仿木纹PVC、卷帘、壁纸

1

2

1. 设计师将沙发背后的整面实墙改为玻璃拉门设计，提升屋内明亮度，空间更显宽敞，内装卷帘也能满足遮蔽隐私的需求。

2. 因房主单身，空间格局上将位于客厅、餐厅之间的实墙拆除，将原本封闭的餐厅改为开放式，变得明亮、宽敞又舒适。

3. 用餐有窗外的绿意美景作佐料，一切都很美味，搭配具有设计感的造型吊灯，不仅凝聚视觉焦点，也符合房主喜欢简单、干净的空间表现。

4. 从卧房望向客厅，通过设计内嵌灯光，光线交错让空间有深浅层次的变幻。

✚ 改用玻璃引进采光
照亮中段

20年的老屋问题多，壁癌、配水配电的管线以及采光都不好，但房主是因为爱上户外绿景才买下的，于是王思文、吴承宪设计师首先将装修重点放在基础工程上，重新调配水电配比、做防水工程、更换老旧管线，以确保健康安全。面积56m²且属于狭长的基地形状，采光仅在屋子前后端，原本划分为三室两厅，加上实体隔间，光线无法透入，房屋中段十分阴暗。

一人居住并不需要受到隔间拘束，将原有的三室改为两室，又将这两间主卧与工作室合并为一间，也将客厅、餐厅之间的实墙拆除，都改为拉门。开放式的空间，配合玻璃拉门，不再有实墙阻挡光线，前后端的采光都可以引到中段，空间明亮，就算老房也显得有活力。

✚ 拉门
创造360度环绕动线

运用拉门增加空间弹性，设计可以自在穿梭的360度环绕动线。客厅、卧房和工作室之间以拉门区隔出三个独立的区域，拉门全开时三个区域互通，自己随时可以决定各个空间的大小。客厅使用玻璃拉门，能保持视线穿透不会使人产生封闭感，而且具有极佳的隔音效果。当朋友来访，需要区隔空间时，不会互相干扰。拉门内装卷帘也能满足遮蔽隐私的需要。

工作室与主卧的隔间采用白色实体雕花拉门，与客厅之间设有卷帘的玻璃拉门。因为书房是需要专注的空间，拉上两侧拉门、放下卷帘即成为独立区域，打开拉门又是互相连通的宽阔空间。前后端的采光，经由玻璃透入，就算在狭长形房屋的中段也清爽、明亮。

✚ 低彩度
凝聚视觉焦点

低彩度并非是无色彩的表现，在适当搭配使用下能够凝聚焦点。淡色系的书房中，搭配橄榄绿的复古椅，与低彩度的空间互相调和，有画龙点睛的效果。主卧的衣橱门片选用白色带光泽的立体花纹壁纸，展现出精致细腻的质感；客厅整片开放的白色书柜，一部分加上斑马木门片，更方便收纳杂物，也注入了一股人文气息。

设计师表示："因为空间采用了低彩度，所以灯光更重要，要让空间有深浅层次变幻；区隔空间除了利用墙面外，光源明暗的特性也能指引动线。"客厅阅读区设计成方块造型灯，睡眠区则是慵懒的层板灯，光线交错展现不同的张力。

5. 低彩度的空间中，搭配充满自然气息的橄榄绿复古椅，不显得突兀，也有凝聚视觉焦点的作用。

6. 设计师使用白色带光泽的立体花纹壁纸，装点工作室与主卧房间的拉门，勾勒出精致细腻的质感。

7. 以拉门取代实体隔间，让房主可以自由出入客厅、餐厅、卧房与工作室，自己决定空间大小。

8. 卧室床头以一片薄层板解决压梁现象，睡眠时不会让人感到床头上方的压迫。装在梁上的空调下方奇零处则设置置物架，充分利用死角，也方便房主放置个人物品。

9. 由玄关进入后可以通过透明拉门看到工作室，视觉宽敞，不会局限在客厅范围内。若不想被打扰，则放下卷帘，就成为一个独立的工作空间。

5

8

6

7

9

40 m² 大书柜紧临景观窗
专属的挑高书房享受

■一打开门，迎面而来的挑高书房带来"大书柜"的视觉震撼肯定让人印象深刻，没想到40m²的小空间里，竟然拥有一整面挑高景观窗和书墙，将都市高低起伏的建筑景观尽收眼底，是小空间里最温暖自在的专属大书馆。■

Opinion.
初日发设计师诊断

①一楼配置浴室和厨房，整个空间挤得像套房>
将浴室由楼下移到楼上，一楼拥有宽敞开放的客厅和大书房。

②没有多余的客人座位>
楼梯不做扶手，来访朋友再多都可沿着阶梯拾级而坐，形成欢聚的气氛。

③没有地方容纳房主的千本藏书>
开放书房连接客厅，大面景观窗引进天然采光与空间宽阔感，消除书房与整面书墙的空间压迫。

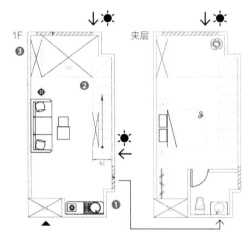

1. 进入室内，迎面而来的是大面景观窗，简洁线条的天花板搭配无吊灯设计，带来的开阔明朗的气息令人心旷神怡。

2. 浴室往上层楼挪移，腾出的空间规划为开放式的一字形厨房。

3. 舒适的客厅沙发，配合可轻松移动的茶几、矮柜，两侧扶手可放平增加座位。

4. 由楼上卧室俯瞰楼下的书房，黑色卷帘、层层蹿升的大书柜，采光良好与挑高的空间，构筑出专注无压的个人大书馆。

| Case Data |

设计公司_初日发设计
室内面积_40m²
室内格局_一室一厅一卫、书房、厨房、小储藏室
使用建材_山毛榉实木踏板、橡木洗白地板、柚木集层材、斑马木、洗白橡木

＋设计 _ 初日发设计　摄影 _ 游宏祥　文字版权 _ 美化家庭杂志

＋挑高留给
房主最爱的书房

有大量藏书的房主，非常向往能拥有个人的"大书柜"，营造图书馆沉静专注的气氛。设计师特地保留挑空区给书房，整面书墙矗立在大的挑高景观窗前，同时景观窗引进自然采光，又能坐拥都市景色，采光好、空间大，打造自在无压的个人专属大书馆。

不同于小空间设计，通常牺牲挑空区以换取更多使用空间，设计师坚持不封平楼板，因为挑高楼房如果拥有"大窗子"的优点，"这样能让人觉得拥有完整的世界，没有被分割。"决定保留三分之一做挑空，三分之二封平楼板规划卧室区。除了保留挑高给窗景区与书房，玄关也留下一小段挑空区，成为进门的呼吸缓冲地带，消除压迫感。

＋功能家具与楼梯台阶
弹性增加客座

来访客人较多，需要高功能活动家具提升弹性运用，例如将书桌移开、保留单椅，沙发两侧的扶手可平放下来增加座位，客厅空间立即延伸到书房区。无扶手的楼梯设计，朋友更可以顺着台阶往上坐，形成一种团聚的欢乐气氛。坐在楼梯上看室内各景别有一番趣味。

一席黑色卷帘顺着景观窗垂悬而下，既能遮阳和保护隐私，又有暗房效果。原本房主担心落地帘在小空间里看起来会更为厚重，但没想到设计师大胆使用黑色卷帘反而有意想不到的效果。黑色卷帘隐约透着光，发挥出黑色本身潜静的美感，完全拉下来时，在客厅欣赏影片好像置身于电影院。

＋浴厕上移
拥有私密开放大套房

考虑到原本一楼配置有浴室和厨房，显得拥挤，活动很受约束，于是将浴室往上移，楼下腾出的空间集客厅、书房、餐厅和视听等复合功能为一体，使人有宽阔感。随着浴室上移，上层的主卧宛如一间私密开放大套房。浴厕以清透的玻璃放大空间感，同时贴上橘色贴纸，提高隐密度。利用楼梯下的奇零空间，将电视柜、鞋柜及小储藏室整合在一起，实现了多功能的运用。

深浅木色暗喻区域的转换，细处用不同质感的木材混搭，如全室的洗白橡木地板、山毛榉实木楼梯踏板、客厅柚木合成板材电视墙、书房木纹书柜，以木色贯穿全室，令人感受到温暖的包覆。

Tips. ## 状况分析 vs 设计处方

Ⓐ状况一
迷你挑高屋的浴室如何发挥扩大空间感的作用？
【设计】▶ 将浴室上移后，楼下的公共厅区更显开阔，而浴室亦可采用玻璃围幕，让穿透的视觉无形中放大空间。若要提高浴厕区的隐密度，不妨采用有色玻璃或张贴彩色贴纸。

Ⓑ状况二
常有朋友来访，小空间客厅区如何做弹性应变？
【设计】▶ 同样的物件要能多元使用，且具有协调性。设计师举例，如活动式、可拼组式的家具便能根据座区调整，人数众多时无扶手楼梯也能当作座位。

5

6

7

8

5. 楼梯下的空间整合了电视柜、鞋柜及小储藏室的功能，无扶手的设计让来访的朋友可以拾级而坐，充分利用了楼梯。

6. 改到楼上的卫浴，使主卧有如小套房。玻璃上贴橘色贴纸，达到放大空间效果的同时也能遮蔽隐私。

7. 由楼上的卧室往下走，卧室围栏的金属线条、景观窗的分割线条，与书柜层板形成线条呼应。

8. 由卧室望向楼梯挑高墙面，挂上隐含细胞图腾的画作，呼应房主的医学背景。

16m² 变大成 26m²
迷你空间的最大设计力

■ 26m² 的小套房，竟然能拥有客厅、厨房、卫生间和卧室，生活功能俱全。玄关区的鞋柜与衣帽柜、卫浴隔间柜、窗台前的矮柜式座榻，完全展现最大收纳设计力。材质与光影的运用营造了轻盈悬浮感，使得还有夹层的超迷你 16m² 空间一点也不觉得拥挤。■

Opinion.
黄俊和设计师诊断

① 开门见灶，生活习惯藏不住＞
大门入口旁原本设计为厨房，一进门就能见到日常生活中锅碗瓢盆的堆放，因此将厨房内移，保持玄关区的简洁开阔，也符合设计习惯。

② 浴室较小，卫浴用品无处摆＞
将客厅与卫浴共用的墙面改为卫浴间储物柜设计，增加收纳功能，省下了再设置收纳柜的空间。

③ 原本格局没有独立主卧室空间＞
没有主卧室就没有家的感觉，像临时的住所。利用挑高3.4m的空间加建夹层，上层设计成主卧室，朋友来访时也不用担心隐私被一眼看透。

| Case Data |

设计公司_ 冠和设计
室内面积_ 16m²，另加建夹层10m²，屋高3.4m
室内格局_ 一室一厅一卫
使用建材_ 喷砂玻璃、防火卷帘、染黑铁刀木、烤漆玻璃吊灯、玻璃隔屏、黑扁铁烤银粉漆扶手、实木柚木踏板、海岛型紫檀木地板

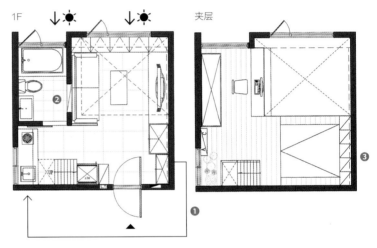

1F　夹层

1. 客厅电视柜下方设置间接光源，光源通过地面的抛光石英砖形成反射，营造光影效果，趣味丰富。窗户旁设计座榻，解决访客座位不足的问题。

2. 玄关入口，左侧设计镜面、小型收纳柜，方便房主出门前整理仪容。厨房从门口内移进壁面，避免一进门产生视觉杂乱观感。

2

＋厨房内移
创造出玄关衣帽区

原始格局的玄关入口旁就是厨房，看似合理，但只要使用过厨房，不论再怎么收拾，台面上难免会有洗好正在晾干的锅、碗、盘和抹布等，进门第一眼就见到杂物，怎么样也不会感觉舒适。于是设计师将厨房内移，腾出的入口空间，上方规划为展示柜、下方规划为鞋柜，旁边相连的柜体设计成衣帽柜，不仅玄关变宽敞了，出入门穿脱鞋子和大衣也很方便。

随着玄关衣帽柜动线，设计师以拉齐的手法做了同宽度的造型电视柜，客厅窗户前的长形座榻兼具收纳柜、边几功能，互相圈围出客厅区域，成为居家招待的中心。虽然室内空间狭小，但是招待客人的座区相当充裕，较多客人时同样能一起围在客厅轻松地谈天说笑。

＋隔间柜
省了空间多了收纳

除了玄关的鞋柜、衣帽柜、电视柜、收纳座榻，迷你空间还有强大的收纳设计。设计师拆除客厅、卫浴间原本的墙垣，改成兼具收纳柜的隔间墙，节省了使用收纳柜会占用的浴室空间。一整面收纳架做开放式设计，方便摆放和拿取卫浴用品。

客厅的大片玻璃引进天然采光。为避免居家生活被一览无遗，窗户上设置的卷帘能够遮蔽隐私，同时也能控制进光。沙发旁的一道玻璃隔屏，在开放空间中隔出客厅区域，光穿透性好的材质做隔屏利于采光，视线不受阻挡。

＋夹层区
材质灯光营造轻盈感

保留客厅区挑高，设计师选择在厨房和浴室上方做夹层，楼梯用烤银粉漆的黑扁铁做扶手，搭配柚木实木踏板，打造坚固却轻盈的质感。$10m^2$ 的夹层空间成为房主独立的卧室，兼设衣柜与书桌，15cm 厚的书桌采用悬浮设计，搭配软垫即可随性席地而坐。书桌其实兼有梳妆台功能，可掀式的桌面内部镶有镜子，中空处摆放化妆用品，小小的卧室满足了起居需求。

间接光源不仅提供照明也制造悬浮效果，营造空间气氛。夹层地板架高成为床架，床头矮柜设置隐藏间接光源，衣橱下方也设计了三盏灯，投射出的漫射光隐约打在衣橱门板上，增添浪漫的氛围。在客厅电视柜下方也有间接光源的运用，光线通过地面的抛光石英砖反射出来，在夜晚又变幻出不同的场景氛围。

3   4   5

6

3. 卫浴和客厅原本相连的墙面改成储物柜，让浴室的卫浴用品有了收纳的空间。客厅沙发旁则设置一道玻璃隔屏作为客厅的屏障，也起到间接采光的作用。

4. 书桌后方设计整排衣柜，提供足够的收纳量。夹层并不完全填满，保留客厅区域挑空，减缓压迫的视觉感。

5. 悬浮设计的书桌搭配软垫，方便席地而坐。掀起台面，中空的书桌可收纳化妆品，内镶有镜子，可作为梳妆台使用。

6. 夹层边缘使用喷砂玻璃，引入光线，增加夹层的明亮感。床头背板设置间接光源，夜晚时更能烘托浪漫气氛。

一屋变两屋

④0m² 浪漫紫色东南亚风

■主题式的紫色大图输出海芋，利落又优雅地贴覆于紫色烤漆玻璃电视墙，连主卧室和浴室都被紫色浪漫包围。小和室竹片卷帘、阳台外南方松女儿墙和热带盆栽象征东南亚风情，周围包裹着看似有冲突的金属铁件和玻璃元素，混搭出热带时尚感。■

Opinion.
吴其庭设计师诊断

① 应房主需求，希望原本的一室区分出家庭和个人居住的空间

旧屋新装，一室变两室，区隔为小家庭居住空间和个人套房。单身套房可作为个人居住或工作室使用，两个独立空间互不干扰。

② 浴室空间小且无开窗，通风不佳

换气扇隐藏在内嵌有间接光源的明镜后方，排气孔就在镜子上的下方空隙处，兼顾实用功能与美观。

①

| Case Data |

设计公司_悦璟设计
室内面积_40m²
室内格局_一室一厅、一和室
使用建材_毛丝面不锈钢、镜面不锈钢、紫色烤漆玻璃、透明玻璃、大图输出、竹片卷帘、柚木染灰地板、洗白柚木、跳色油漆

②

本案区域
①

＋设计：悦璟设计　图片提供：悦璟设计　文字版权：美化家庭杂志

1. 明亮的自然采光下，阳台上南方松的女儿墙和热带盆栽营造的东南亚风情一起进入客厅，加上圆弧的天花板造型和蜿蜒向上的海芋，让空间气氛都活跃起来了。

2. 从沙发、电视墙到厨房琉璃台墙面，透过不同玻璃材质铺陈紫色格局。客厅天花板的圆弧效果反射在电视墙镜面上，制造出多层次的圆弧。

3. 竹子卷帘轻隔开小和室和客厅，架构出淡淡的东南亚风情，连客厅主墙悬挂的明镜也用木质框架相呼应，电视墙的紫海芋反射到上面，形成了自然美丽的画作。

＋紫色高等能量
串联空间主题

＋紫色与自然素材
烘托出浪漫东南亚风情

4

这间屋是旧屋新装，区隔出小家庭空间与个人套房，一屋变两屋，40m² 的单身套房可作为个人居住或工作室使用。对色彩能量很有研究的设计师表示，紫色在色彩学中具有高等能量，将色彩的能量加入现代设计中，可以打造房主的东南亚风紫色天堂。

在这个开放的小空间里，客厅的电视墙、厨房中间的一道墙面、浴厕门板和主卧床头的墙面都由紫色铺陈，串联主题性。透明玻璃镶嵌紫色烤漆电视墙，虚实的搭配让海芋仿佛腾空盛开，增加了空间层次感。底部是开放式的白色层板，方便放置影音设备并兼展示柜用，悬空的设计减轻了压迫感。

为了烘托出东南亚风情，除了在阳台上用南方松包覆女儿墙外，室内也放置了盆景搭配出绿意。还可以看到，用一些木作、竹子材质来表现自然，如客厅主墙悬挂的明镜木质外框、和室竹片卷帘的轻隔间和客厅的方块椅，从里到外都洋溢着东南亚自然风情。

利用镜面倒映可制造视觉趣味，电视墙的紫海芋倒影浮现在明镜中，镜子马上变成一幅画。灯源映照的圆弧天花板，在电视墙玻璃镜面的反射下多了一道弧线，有助于缓和空间线条。主卧天花板不刻意地修梁的造型，一大片紫延伸到梁柱上，气氛马上就变得浪漫了。床边披上丝巾的摆竹架，一张深咖啡色的矮凳，全室的紫色与自然素材，展现出独特的时尚东南亚自然风。

tips.
设计修饰妙招

①适当利用不对称线条和梁柱的裸露部分，通过玻璃、金属元素创造视觉层次效果。
②切割后的小浴室缺少窗户，可预留管线加设换气扇，并以化妆镜遮掩，从而兼具实用性和美观性。

+隐藏换气扇与门片凿孔改善通风

由于浴厕没有对外的窗户，因此在镜子后加装了换气扇。镜子隐藏了换气扇，配合内嵌的间接光源，放大了卫浴空间，维持美观。门片下方的特别凿孔，与换气扇搭配使用，能改善通风不佳的情况。

厨房位于后侧，虽然它是开放式的，但具有隐蔽性，不会让人一眼就产生凌乱感。白色厨具搭配紫色烤漆玻璃，与客厅呼应。旁边画有海芋、看似纯视觉造型的墙壁其实是浴室入口的暗门，长方形毛丝面的不锈钢镜面取代了传统喇叭把手，可以推门进浴室；一朵美丽的海芋铺贴在上面，门片中央还嵌入了紫玻璃，若从门厅入口望过去，恰好能与客厅的海芋电视墙等高平行，美丽焦点就此连成一线。

5

6

4. 小巧厨房墙面也铺陈着一朵紫海芋，实际上它是浴室的暗门，在紫色烤漆玻璃和毛丝面不锈钢辅助下，美化了这道墙。浴室门下方的气窗是设计师特地将铁件挖凿的圆洞饰以白色烤漆，取代了传统的通气孔。

5. 主卧设计简单，靠窗处的大型梁柱未安装饰板包梁，造成些许留白；主墙经过紫色漆洗礼，反让空间更加开阔。

6. 小浴室另外安装了换气扇，隐藏在明镜后方，排气孔就设在间接照明的上、下方。

电视柜兼具功能与动线
创造 50 m² 小豪宅空中步道

■巧妙依托立体高度，重复利用动线，直接利用多功能的电视柜的上方作为楼梯平台，搭配玻璃元素与清浅材质，模糊空间界限并巧妙接续景深，有限空间中的功能被发挥得淋漓尽致，将狭长的空间放到最大。■

Opinion.
群悦设计师诊断

①动线太多浪费面积 >
将通往厨房、客厅区和上层楼梯的三条动线整合在玄关区，通过共用动线的设计，不会另外浪费地板面积。

②玄关再放收纳柜显得太窄小 >
靠墙设置的收纳柜用利落的线条分割，将相邻的柜体的上方挖空作为展示柜，搭配投射光，巧妙消除了柜体的庞大存在感。

③浴室安排在主要采光面，室内采光不佳 >
增加实体隔间会严重影响室内采光，因此采用深色玻璃拉门，这样能够保护隐私且不完全阻挡光线。刻意拉高、加大的门也有扩大视觉的效果。

| Case Data |

设计公司 _ 群悦设计
室内面积 _ 50m²
室内格局 _ 玄关、餐厅、客厅、多功能书房、夹层睡眠区、浴室
使用建材 _ 洗白橡木、黑镜、喷漆木皮、胶合板、白色超耐磨地板、黑铁、玻璃

1

2

+ 设计 _ 群悦设计　摄影 _Steven Hsu　文字版权 _ 美化家庭杂志

1. 电视墙右侧搭配胶合板门片，通过材质和色彩的变化表现出不对称美感。

2. 客厅沙发后方设计独立书房兼客房，加大的拉门能拉宽视觉，雾面材质模糊了空间界限。

3. 利用电视柜的上方空间打造楼梯平台，巧妙的设计省下空间做楼板。挑空的客厅眺望时，仿佛在空中走道观景。这个平台也能成为通往主卧的缓冲地带。

4. 多功能电视墙综合动线、收纳与展示等功能，台阶的空间设有抽屉与层板，电视柜下方也有一排开放式和隐藏式的空间，方便收纳各种物品。

✛ 三条动线
整合在玄关不浪费面积

尽量将动线整合在一起，彼此共用，就不会造成空间的浪费。玄关处就整合了三条动线：通往厨房、通往客厅、通往上层的楼梯。玄关进门右侧，采用收纳柜以利落的线条来分割以及挖空展示柜的两种手法，搭配投射光，巧妙地消除了柜体的存在感。一进门所见的镜墙后方设计摆放厨房电器柜，用黑镜材质包覆转角，与接续的白橡木作形成生动的颜色对比。

与玄关相邻的、精巧的餐厅区中，用黑白色构成的吧台兼餐桌，在开放空间中巧妙区隔出一字形厨房区。下方有开放式层板的收纳空间，内凹的设计可隐藏收纳厨房杂物，维持整洁的观感。与吧台相连的结构梁柱则以温暖的胶合板修饰立面，在黑白极简中铺叙徐缓的温度。

✛ 电视柜
创造出收纳空间与空中步道

空间以白色为主，运用玻璃元素与清浅的材质，例如薄纱窗帘与雾玻璃拉门，模糊的空间界限和巧妙的接续景深，将既定空间放到最大。挑空的客厅区点缀美丽的吊灯，更加烘托出挑高的气势。走在楼梯平台走道上眺望挑空区，有空中步道的趣味。

电视墙结合动线与功能美学，同时满足楼梯、视听、展示和大量收纳等多元需求。柜体右侧穿插胶合板门片，材质的变化与层板的适度留白，表现出不对称的美感，黑铁扶手勾勒出现代感的力道与穿透性。犹如积木般活泼堆叠的阶梯，通过高度段落式的分配，内部隐藏丰富的收纳设计，积极利用了空间的立体层次。量身定制的电视柜最适合小空间，实现了有限空间与多功能的完美结合。

✛ 运用透光材质
引进自然光

天然采光是让空间看起来宽敞、舒适的最理想的方式，但当光线无法全部进入室内时，必须配合使用穿透性材质和人工光源。由于浴室安排在主要采光面，如果再用实墙隔间就会严重影响室内采光，因此应使用深色玻璃拉门，既维持一定程度的隐私遮蔽，也不完全阻挡光线的进入。刻意拉高、加大的玻璃门，能制造视觉上的扩大感。同样维持挑高的浴室，精选了铁灰砖材打造的降板浴池和立面，在温煦的天光景观下，小空间里也能有高级温泉会馆的享受。

长沙发后方的书房以雾面玻璃拉门区隔出独立空间，略微架高的地板创造出高低落差，以点出不同区域。书桌旁设置低矮卧榻，适合作为床铺或沙发。设有衣柜，使书房可以随时弹性变为客房使用。

5. 玄关与厨房之间的柱体用黑镜转折包裹，另一面设计为电器柜。小小的玄关右侧设置收纳柜兼展示柜，利用小空间实现大收纳。

6. 浴室采用降板式浴缸设计与大面积观景窗，窗边高度恰好遮蔽隐私，可以边泡澡边自在享受窗外美景与天光。

7. 上层的寝区，用黑铁和玻璃圈出别致的边界，优雅的木质台面可作为书桌和梳妆台，向下俯瞰时创造深邃的视野。床头下也有掀式棉被柜，丰富了收纳功能。

黑云石电视主墙
打造③③ m² 三层楼私人城堡

Opinion.
群悦设计师诊断

①33m²的空间处处受限

为了展现磅礴气势，用挑高黑云石电视墙的冷凝大气，对应沙发背墙的灰色调版岩，互相辉映光影以烘托气势。

②房主一定要两房

电视墙隔出前后的公私空间，上层夹层区设计为私密主卧，架高客厅地板后形成底层空间，用来设计独立书房区。

③厨房空间小，电器用品无法收进去

利用楼梯下方的奇零空间设计开放式格柜，成为厨具延伸的电器柜。

■巧妙运用4.6m层高的条件，为单身房主创造复合式别墅，一层楼变三层楼，像是一座私人城堡，展现不一样的小豪宅观点。以黑云石电视墙为主轴，保持各区功能的独立性，同时又拥有互通性，不因空间切割而显得过于零碎。■

| Case Data |

设计公司 _ 群悦设计
室内面积 _ 33m²，加建夹层，层高4.6m
室内格局 _ 玄关、客厅、主卧室、书房、厨房
使用建材 _ 抛光石英砖、墨镜、版岩、黑云石、茶镜

1. 开放式的玄关，鞋柜采用吊柜式设计，底部悬浮的效果减轻了柜体重量。镜门既反映空间景深也反射光线，营造明亮、宽敞的居家第一道关口。

2. 利用4.6m挑高，转换成拥有三层楼的复合式空间。玄关旁是通往上层主卧与下层书房、厨房的两道楼梯。

3. 黑云石电视墙的冷凝大气，搭配唯美造型脚饰家具，对应沙发背墙的灰色调版岩，导引光影在不同材质的投射下营造迷人的光影氛围。

2

3

✛立体复合楼层
小套房变身迷你别墅

33m²基地，以电视墙为主轴，垂直切割成为前后两大公私领域，私密空间另水平横剖出上层的卧室以及底层的书房和厨房两个楼层，并且架高公共厅区，4.6m挑高转换成拥有3个楼层的复合式空间，玄关和客厅是通往上下层的中转站。

看似独立的各区空间，运用"轻、透"设计元素整合成一体。黑云石电视墙旁边镶嵌清透的玻璃，巧妙引渡客厅光线到电视墙后方的书房，视线互相穿透，避免拥挤、封闭的感受。黑云石电视墙带出冷凝大气，沉稳的基调搭配纤美造型脚饰的家具，对应沙发背墙的灰色调版岩，让光影在不同材质的投射下营造迷人的光影氛围。挑高的格局、复合式楼层、磅礴的厅区，好像私人城堡。

4

Tips. ## 兼顾收纳与美观的四个秘诀

Ⓐ玄关
镜柜化解小空间的压迫感
玄关的鞋柜采用吊柜式，底部悬浮让柜体轻盈，搭配镜门扩大景深，也照亮空间。

Ⓑ客厅
悬浮电视柜轻巧空间
电视墙两侧为楼梯与玻璃，左右双开口引导采光与空气。电视柜轻巧地悬浮于墙体，融入黑云石墙设计。

Ⓒ主卧房
融入墙体的衣柜壁饰
简约风格的衣橱搭配茶镜腰带反射出空间景深，刷白的柜体融入墙面产生视觉后退的效果，扩大了空间。

Ⓓ楼梯
梯下空间化身电器柜
利用梯下空间设计开放格柜，成为厨具延伸的电器柜，位于动线上，方便随手收拾。

＋分散收纳
随手完成

考虑到厨房还没有空间设置电器柜，所以利用厨房旁楼梯下的空间设计开放格柜，成为厨具的延伸，让厨房功能不因空间小而缩减，在动线上的柜体也方便随手收纳。同一层的书房，则在书桌后端设置矮柜取代书柜。

卧房的设计精致、丰富，浴室、衣柜和梳妆台等功能一应俱全。考虑到房主有随手取放的收纳习惯，特地将床头柜加长，不用特别起身，躺卧时侧身就能轻松放置物品。床头墙的设计延续客厅版岩墙的概念，形成视觉连

贯的整体性。一旁的茶镜装饰除了有映射场景的妙用，也是为了遮掩管道间所做的包覆，让突兀的建筑结构变成空间装饰的一部分。

5

4. 书房与厨房同样位于底层，刷白墙壁上的开口与客厅隔着清透玻璃，引进光线与维持视觉穿透，消除封闭感。椅子后的收纳矮柜同时成为阅读时的"靠背"。

5. 浴室位于门帘后，营造窗景或更衣室的想象空间，拉起门帘就能轻松遮蔽浴室内部空间。旁边的茶镜映射场景，其实是为了遮蔽管道间所做的包覆，让突兀的建筑结构变成空间装饰的一部分。

Topics.
居住规模 >
一人

single

三夹层适度重叠
26 **m² 立体楼板取代隔间**

Opinion.
李果桦设计师诊断

① 楼梯口正对着大门，下楼没有安全感

重新设计楼梯位置时，刻意避开大门入口，另外设置紧贴楼梯的玄关柜，配合木作隔屏，使小空间也有独立迎宾玄关区。

---

② 没有晾衣服的空间

将原本的阳台改建为晾衣服的空间，隐藏在沙发旁的看似收纳柜的门片之后，关上柜门则完美地和客厅融为一体。

---

③ 需满足一室一厅一卫的基本需求

4.2m的挑高住宅，设计成三层空间，区域功能区分清楚，底层是厨卫、中间段是客厅，最上层是卧寝区。三层适度重叠，不会让人产生压迫感。

| Case Data |

设计公司 _ 意象设计
室内面积 _ 26m²（含浴室、阳台），加建夹层，屋高4.2m
室内格局 _ 一室一厅一卫
使用建材 _ 紫檀木地板、樱桃木木作

■考虑到"人"在每个空间的习性和停留的时间都不同，依照不同状态设计空间，浴室将26m²的空间区分为三层，拥有独立的一室一厅一卫，还有挑高的舒适玄关与利于通风采光的晾衣区。好像迷你楼中楼的复合夹层建筑，用高度立体层叠创造功能完备的空间。■

1

1. 楼梯位置关系到夹层空间的动线设计，楼梯设置于室内中心最大的优点是让动线集中。在计数阶梯时，由于最后一阶的高度不够，因此底层设计了加大的平台，它也成为玄关区的穿鞋椅。

2. 沙发旁的柜体其实是由阳台改建成的晾衣区，关上柜门后如同一个收纳柜，完美地融入客厅。

3. 夹层面积不够宽敞，将客厅的阳台外推后，无形中拓宽了安置沙发组的空间，多来几位朋友也不怕没地方坐。

2

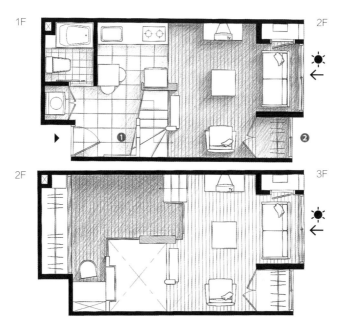

✚ 根据人在各个空间的状态做设计

设计师在设计时应先分析"人"在各个空间活动的时间长短与习惯,依照站立、坐卧等不同状态设计空间。以此户来说,房主较常活动的范围在上层,考虑较少用到的卫浴空间可以设置在最底层;寝区用来躺卧睡眠,高度不必太高,面积也不需太大,可以设置在接近天花板的最上层;最常活动的客厅,必须有完整的空间与舒适高度才不会让人有压迫感。

于是利用4.2m的挑高,设计出三层适度重叠的空间,直接利用楼板取代隔间,每层都是独立开放的空间。楼板面积经过精密的分配计算,不会使人感觉空间被分割切碎,反而能清楚地区分区域。

✚ 保留夹层挑空的独立玄关

设计夹层时,大多数采取填平挑空区来创造更多的可用面积,但设计师认为多做一层后,在空间安排上已满足房主需求,不需再扩大夹层面积,以免造成压迫。因此保留唯一4.2m的挑高给玄关区,留有一段缓冲呼吸的空间。拥有三层楼的26m^{2}空间,一进门不但没有压迫感,还能让人感到宽敞舒适。

原来的楼梯正对大门,下楼时有一种俯冲出门的不安全感,所以在重新设计楼梯位置时要刻意避开大门入口。紧贴楼梯的玄关柜和隔屏设计,营造出正式的迎宾玄关。在计数阶梯时发现最后一阶的高度不够,顺势将最后一阶加大成一个大平台,恰好也成为不可多得的穿鞋椅,鞋柜就在旁边,穿脱鞋子非常方便。

✚ 支撑墙贯穿室内主轴线

楼梯与厨房之间的墙面是整个空间的支撑墙,以此墙为中间点,三层空间环绕依序而上,底层是厨卫,中间段是客厅,最上层是卧寝区。支撑墙不仅是贯穿空间的主轴,还提供最好的遮蔽性,在底层正好区隔厨房空间,独立出楼梯动线,到了最上层就避免了在楼梯上走动时直视主卧。

原本中段夹层的面积不够宽敞,将阳台外推后,形成能够安置沙发组的开阔会客空间,同时也将原本的阳台改建为晾衣服的空间。沙发旁的柜体并不是收纳柜,其实是通往晾衣区的门,柜门的外形与客厅完美地融合在一起,呈现完整的客厅区。

---

tips. **Budget 预算分配**   总预算 ▶ 10.75万元(不含设计费、活动家具)

① 拆除工程 ▶ 4192元
② 泥作工程 ▶ 6665元
③ 水电灯具 ▶ 7955元
④ 铝窗工程 ▶ 19350元

⑤ 木作工程 ▶ 16985元
⑥ 地坪工程(木地板)▶ 21500元
⑦ 涂装工程 ▶ 15050元
⑧ 家饰布 ▶ 2365元

⑨ 楼梯工程 ▶ 10213元
⑩ 清洁工程 ▶ 3225元

(以上为个案预算,详细情形请咨询设计师。)

4

5

4. 由客厅再往上几个台阶便是多做了一层的L形卧寝区，利用梁下空间设计衣橱，衣橱旁另设置兼具书桌功能的梳妆台。

5. 支撑墙是贯穿空间的主轴线，能将挑高的视线往上层引渡，也能适时起到遮掩的作用。例如支撑墙在餐厅区，背部可挡冰箱、厨房，旋转而上，又能遮蔽卧寝区。

悬吊层板层次鲜明
⑤⓪m² 艺术时尚全开放式空间

■开放式格局与层次鲜明的镂空硬体质感，连主卧与客厅之间也只以帘幕为轻隔间，视线、光线完全自由穿梭无阻。在极具 Art Deco 调性的设计主轴下，搭配充满放松气息的家具与摆饰品，打造出集各国艺术风格与时尚的空间。■

Opinion.
白谨纶设计师诊断

① 摆放实体收纳柜空间很狭隘

以镂空的悬吊层板与吊框取代庞大的收纳柜体，维持空间的穿透感，还可以展示收藏品。主卧则利用架高的地板下方增加实用的收纳空间。

② 客厅不在采光面，显得阴暗

设置在采光面的厨房与吧台设计成开放式，镂空的层板不会阻挡光线，而是将其充分引进客厅。

| Case Data |

设计公司_大颖设计
室内面积_50m²，加建夹层，屋高4.2m
室内格局_客厅、主卧、厨房、一卫、更衣室
使用建材_地毯、黑檀木地板、百合白漆、茶色明镜、雕刻板、黑檀木、斑马木、镜面铝板、黑云石、钢琴烤漆、不锈钢、玻璃砖、清玻璃

1

✚设计 _ 大颖设计　摄影 _Jerry　文字版权 _ 美化家庭杂志

1. 用镜面铝板结合黑檀木的几何造型框与展示层板取代厚实的收纳柜体，小空间中让人感觉不到柜体的压迫。利用4.2m的挑高优势，借由钢丝悬吊固定层板，增加空间的高低层次。

2. 开放式的厨房与吧台空间充分将光线引入客厅，简洁时尚的配色与造型相呼应，打造出高级小酒吧的精致格调。

3. 斑马木矮隔屏隔开客厅与主卧，兼具电视墙与展示架的功能。下方20cm的黑云石平台延伸至右方，具有放置电视与台阶的双重作用。主卧隐身在纱帘后方，保护隐私。

✛ 构筑时尚层次
空间感

融合异国文明的艺术精华，以装饰几何图案的 Art Deco 风格为主调，构筑艺术时尚住宅空间。一进门，慵懒、华丽的紫色沙发搭配马毛方几以及金属吧台和吊层板，立即让人感受到充满时尚的 Lounge bar 氛围；沙发背墙的茶镜，借由镜中反射延伸出更宽广的空间，旁侧的酒红绒布帘则调和了镜内镜外材质的冷硬感。

特别注重空间高低层次的设计手法，通过多元运用架高地面与悬吊层板，在相间交错的层次中延展视觉深度并强化原本的挑高空间感。客厅的地毯营造放松的气息，并具有适度的吸音效果；黑檀木地板铺陈的区域摆设一张单椅，房主可坐在面对沙发与吧台的单椅上与客人聊天，增加空间的灵活性。

✛ 虚实元素
开放空间想象

考虑到房主常进行国际旅行，加上房屋空间小，决定以开放空间形式设计，以镂空层板取代柜体收纳，让全室各区相互穿透，呈现宽敞开扬的居家风景，让房主拥有最放松的心情。客厅与相邻的主卧之间不做隔墙，仅运用 120cm 高的斑马木矮隔屏进行区隔，搭配下方一体成型的黑云石平台成为电视墙，右上角镶嵌上一道金属展示框架，增加视觉焦点、突显空间层次。隔屏纱帘的后方是主卧空间，在帘幕遮蔽下保有隐私。

利用 4.2m 挑高和虚实元素的搭配展现层次，深色的木作、石材让下半段空间沉静、稳重，上半段借由镂空吊框、层板的穿透质感与轻浅色系，加上天花板上的间接照明、嵌灯，使整个空间弥漫着轻松的气息。

✛ 挑高主卧
空间穿透明亮

客厅旁即为吧台与开放式厨房，两个区域的开放形式将充裕明亮的采光引渡到客厅。为使空间的使用率达到最大，开放式厨房前设计造型、色系与厨具相呼应的吧台，兼具用餐与收纳功能。简洁的黑白配色、倒挂的酒杯、各处的艺术摆饰品，有高级小酒吧的格调。

架高的主卧区，拥有舒适、静谧的就寝氛围并能提供良好的睡眠品质。利用上掀式地板门片增加架高地板下方的收纳空间，满足生活实用功能的需要。维持挑高的主卧旁设计夹层，利用夹层下方的空间设计卫浴，轻巧、不占空间的直立式楼梯通往上层更衣室。清玻璃材质构成的隔间，既引进采光也维持视线的通透，加上明亮的白色系与采光，到处充满活络、轻快的居家节奏。

4. 主卧保持挑高，享受最舒适的睡眠品质。特意架高的地板下方，以上掀式地板门片增加收纳功能。

5. 主卧旁设计夹层，上层设计为更衣室，以清玻璃隔开，光线和视线都能穿透。开放式的设计让衣物吊挂一目了然。

6. 更衣室下方是卫浴空间，设计了降低高度的浴缸与大片玻璃窗，让居住者如住酒店般的放松、享受，消除一身疲意。

5

6

大收纳设计结合功能家具
轻松入住 53 m² 无压绿境

■设计师以绿色为主调，地面采用白色高亮釉瓷砖，再搭配浅棕淡米色系木作家具，清新淡雅的绿仿佛吹来一阵微风，每天回到家就像去巴厘岛度假一样。量身定做的功能家具，收纳功能重叠利用了家具所占的空间，释放出更宽敞、无压的空间。■

Opinion.
陈玉婷设计师诊断

① 没有大采光面，窗户很零碎

以绿色为空间的主要色调，家具选用浅色木作的自然材质，运用间接光源修饰梁柱的压迫感，增加空间层次。

② 一进门便看见厕所

我将进门正对的浴厕旧隔间拆除，设计成开放式的客厅、餐厅，不仅空间变宽敞了，也化解了原本观感上的不雅。

③ 场地局限，一般家具尺寸不合

请木工、油漆师傅完全依现场尺寸量身打造，并结合多种功能打造功能家具，充分利用空间收纳。

| Case Data |

设计公司_ 朗璟设计工程 ifdesign（如果设计）
室内面积_ 53m²
室内格局_ 两室两厅一卫
使用建材_ 矽酸钙板、烤漆、高亮釉瓷砖、染白橡木、实木线板、壁纸

1. 一进门的开放式的厨房与客厅呈现通透的开阔区域，配合屋里间接灯光的使用，拉大了空间感，也营造出清新可人的气氛。

2. 精心设计的吧台，特别运用烤漆处理，质感升级。房主可以在这里轻松享用餐点，也是厨房的工作台面。

3. 客厅窗户采用淡绿色活动拉门随意控制自然光的强弱，而喷砂玻璃上印有巴厘岛人物图腾，会随着光线投射在客厅的地面上，形成有趣的剪影装饰。

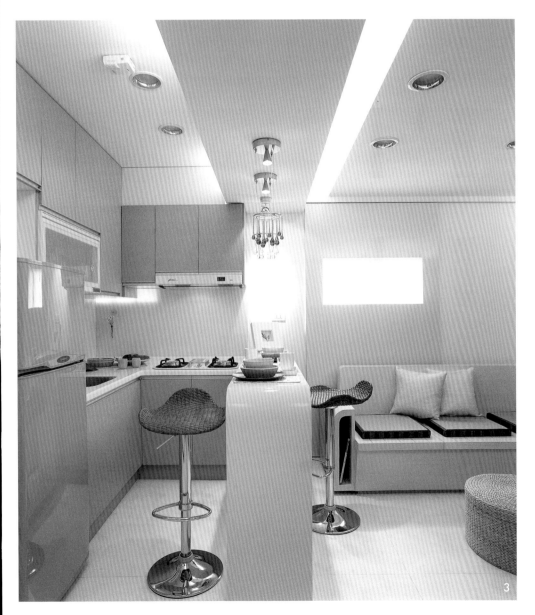

✛ 色彩与光影的
无压绿境

客厅拥有良好的自然采光。考虑到阳光可能太过强烈，特别设计一片搭配整体的淡绿色活动拉门，可以自由开合，调整进光的明亮度。夜晚用间接灯光营造气氛，主梁刻意不封局部，内嵌光源，在视觉上让空间有挑高感，化解梁柱的压迫。客厅的电视柜、天花板、卧房甚至浴室，处处都有间接灯光的应用，柔和的光影效果让空间更立体、更有层次，缓和了室内气氛，使之更温暖、明亮。

原本的格局是一开门正对厕所，拆除浴厕隔间后，改成开放式的客厅和厨房，让空间变得宽敞。吧台上方悬吊的小水晶吊灯，巧妙区隔出两个区域，但厨房也是客厅区的延伸，坐在厨房区的吧台，感觉也像围绕客厅而坐，房主准备餐点时也能和朋友保持互动。

✛ 量身定做
大收纳功能家具

受到场地限制，为了充分利用空间，请木工、油漆师傅依现场尺寸量身打造电视墙、吧台、客厅沙发和卧房书桌等家具，结合收纳、展示等多种功能。重叠利用家具所占的空间，极致发挥每项家具的使用功能，是小空间的聪明选择。

客厅的木作沙发坐落在窗前，座垫和抱枕让木作增加了柔软的气息，宽大的尺寸让人可以全身蜷缩在沙发上，晒着午后暖暖的太阳，小憩或看书都是很放松、享受的事情。将木作座垫掀开，椅子的中空处是宽敞的收纳空间；两旁扶手刻意挖空，方便随手摆放报纸杂志。

吧台为一体成型的圆弧设计，精致烤漆与镂空降低了家具的厚重感，下方更设计了置物空间，使吧台可作为书架、CD架或展示架。每项定做家具都达到了多功能的极致。

✛ 舒适生活的
贴心小设计

"家"是人生活的空间，设计从人的生活习惯与需求出发，就算是小小的贴心设计，往往能让居住者感到极大的舒适与便利。房主家中饲养宠物，设计师在3m²大的阳台区设置了洗衣间，特别在水槽上加装蓬蓬头，这样一来就方便多了，再也不用担心在浴室替宠物洗澡时会弄得瓶瓶罐罐东倒西歪。

由于房主的母亲会偶尔来访，因此布置一间简单的客房，设有床铺与书桌，平时闲置时也可当作书房使用，空间利用有了弹性，既不浪费空间，也很方便。在细节上也顾虑到长辈使用上的安全，例如浴室的浴缸附有把手，浴缸的高度也恰好成为马桶旁的扶手，帮助支撑。

4

5

6

7

4. 3m² 左右的洗衣间，房主可以洗涤衣物、收纳杂物。另外，特别在水槽装置了蓬蓬头，方便房主帮心爱的宠物洗澡。

5. 在主卧中设有书桌，方便房主阅读。书桌上方的坡璃砖，隐约透进室外的光线，降低了空间的压迫感。

6. 由于房主的母亲会偶尔来访，因此特别布置了一间简朴的客房，舒适的床垫采用椰心垫材质。平常闲置时，客房亦可当作书房使用，功能十足。

7. 浴室空间运用防水的布帘控制阳光的明暗。浴缸附有手把，而浴缸的高度也恰好成为马桶旁的扶手，顾及长辈使用上的安全与方便。

Topics.
居住规模>
一人

single

Home Case

柜体、门框留白不做满
徜徉⑬m² 现代禅风意境

■从天花板层次与留白距离，到摆设与收纳柜的线条比例，搭配具有现代设计元素的东方雕花，柔化了原本沉稳的禅风，一个人徜徉于自在、开放的空间。■

Opinion.
李正宇设计师诊断

①**两房的隔间无法让单身空间被最大化利用**
打掉客厅与卧室间的水泥隔间，仅保留管线经过的地方，改为开放式的设计，给予一人居住的宽敞空间。

②**开放式的书房，要有私密阅读空间**
不选择常用来当隔间的玻璃，而使用兼具透光性与隐蔽性的丝绵卷帘作为轻隔间，卷帘一拉上立即成为独立隐私空间。

|Case Data|

设计公司_李正宇创意美学室内设计
室内面积_53m²
室内格局_
一室一厅一和室
使用建材_铁刀木、斑马木、抛光石英砖、黑金锋大理石、定制家具、紫檀木地板、洗白橡木

1. 设计师利用原有的凹梁空间做成收纳柜，兼具电视墙功能，为了不让这一整面的收纳柜过于呆板，选用贴皮纹路的斑马木制造线条美感，下方还增设一排嵌入灯源的矮柜与之对应，使得狭长形客厅有视觉修饰效果。

2. 在书房入口设计卷帘，不想被打扰时即可放下卷帘拥有私密的阅读空间。书房旁的倒圆锥立灯缓和了空间中多直立线条构成的僵硬感。不规则、不做满的书柜让空间更活泼。

3. 紫檀木架高了开放式书房，以石阶象征登堂入室，也点明了书房的地理位置，同时呼应房主偏好的沉稳禅风。而设计的木作隔间与天花板留有约20cm的距离，避免深色木作直接连结天地而产生压迫感，再放上小型绿色盆栽，能美化视觉。

3

╋ 轻隔间
清楚区隔开放空间

非常重视空间结构的设计师认为，若只有一人居住，可以自在享受整个空间而不受隔间的约束，打掉了原本两房的隔间，采用开放式设计串联客厅、餐厅与书房，最大限度地利用空间。从入门开始的玄关、客厅、餐厅、书房到主卧，空间结构转变清楚，动线利落分明。

使用轻隔间保持空间的开阔性，大门口的长形连地置物柜正好隔出玄关与右侧的开放餐厅。书房则采用半开放式，并不选择常见的玻璃窗或拉门做隔间，而是直接使用兼具透光性与遮蔽性的丝绵卷帘，拉下卷帘就成为独立的书房，也能弹性作为客房。书房外的圆锥形灯柱的独特造型与打在天花板的光影，不仅是充满设计感的造景，也是客厅与主卧之间的视觉缓冲，一开房门看到的是造型灯柱和方框艺术品，感觉很美好。

╋ 收纳与结构
维持空间秩序

客厅墙面有一道长长的梁，恰好利用梁下空间设置一整个墙面的长形收纳柜，结合展示台与电视墙，一面墙就拥有三重功能。在下方同样设置一道悬空抽屉收纳柜，电视墙与抽屉柜之间，配合内嵌灯光明显区隔出两道柜体，仿佛空间中画了一粗一细两道线条。虽然柜体占了整面墙，但巧妙的视觉手法让人感觉不到一点压迫。

除了利用梁下空间设置收纳柜，设计师也用不同的手法化解梁的压迫感。餐厅的天花板因为有中央空调系统和梁柱的通过而影响了视觉，在此做了假梁修饰，化解梁柱的巨大存在感，制造出天花板的层次，也以天花板的凹凸指示出餐厅区域。

➕ 利用建材的不同
线条修饰空间美感

因为房主喜欢禅风意境的风格，所以空间用色选择最能代表禅风中沉稳含义的铁刀木色，书房就是以此打造出深沉、宁静的氛围，紫檀木地板铺叙出稳重，书柜不规则的线条设计在沉静中增添一些活泼。

利用许多不同的线条修饰空间，除了书柜设计，主卧加入了现代设计感的窗花，电视墙表面铺上一层斑马木贴皮，深浅的纹路增加了线条层次的美感，两处展示台摆放的艺术品的方框正好成为从卧室望向大厅的视觉焦点。就连天花板的距离都做了

视觉统一。为了保留室内空调维修口，玄关柜不做连接天花处理，所留的间距与书房门框上方相同，悬挂的画作也与天花板留有相同距离，无论哪一个角度都能维持视觉水平，不会造成高低参差纷乱。

6

4. 主卧衣帽间拉门的特别之处在于窗花设计，其实是参考中国古代窗棂圆样设计而成；相迎的走道可对望客厅收纳柜上的艺术雕塑与大型立柱灯座，保留一开房门的美好视觉。

5. 衣帽间采用拉门设计，里面摆设以简易为诉求。为避免单调，用波浪形穿衣镜点缀，增加了灵活的趣味。

6. 主卧呈现出现代东方意境，床头有一道梁柱，利用此空间设计床头板，另外铺贴木纹修饰墙面，上缘也有中式窗花图腾，风情独特。

上班族最爱轻装修
4.3万元置身 56 m² 北欧国度

■ 在时间和预算都很有限的情况下，年轻上班族可能还没有请设计师的想法，虽然不奢求豪华，但至少也要呈现自己的品位。不用动大工、改格局，凭借家具布置就能呈现完整的风格，那么IKEA（宜家）是必逛的场所之一。不到4.3万就能改装新家，是省时、省力又省钱的轻装修妙招。■

Opinion.
IKEA专属设计师诊断

① 单身房主的真正需求

有经济能力基础，开始独立生活，在家具选择上主要考虑价格。因为经常邀请亲近的朋友来家里，所以需要能弹性利用的家具，提供社交空间，例如座椅、餐桌，甚至是留宿的床位。收纳以简单、高效率为主，主要收纳个人的生活用品与电脑娱乐设备。如果有更多的预算，想要提升生活品质的同时，也更加注重舒适度。

② 有固定伴侣共同生活及进一步组成家庭

经济能力较充裕，但选购家具时比单身更困难。由于双方在金钱观、喜好和梦想方面都不同，必须互相沟通、妥协。这时会要求兼具美感与实用的家具，并且开始注重两人共有与私有物品的收纳功能。到了有孩子的阶段，就要考虑安全性和是否方便清洗，以及移动出玩耍空间，更要设计出方便收纳孩童物品的区域，并且从小培养孩子收纳的好习惯；孩子稍微长大时，就要独立出个人的隐私空间。家具以及需求都要顺应人生的不同阶段而做出改变。

| Case Data |

设计公司 _ IKEA
室内面积 _ 56m²
室内格局 _ 两室两厅
使用建材 _ 油漆粉刷、抛光石英砖

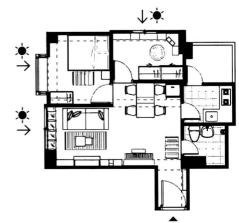

1. 如果在窗前的空间摆放沙发，就会使客厅显得过于拥挤，设计师特别用三个方格柜加上坐垫组合，让房主多了一排招待客人的位置，格子内也可放置书报杂志，既能收纳又可以随手取阅。

2. 在不动格局的状况下，可以利用墙面色彩创造空间层次；不同的餐椅组合也能为空间带来活泼的气氛。

3. 小面积的客厅可以选择柜身颜色较浅的柜子，空间不会感觉被压缩，并善用抱枕、披毯与地毯，营造温暖的居家风格。餐厅搭配同样式的餐桌，让两个开放式空间在视觉上有连结感而不会被分割。

4

✚ 温馨北欧风的 色彩搭配

小空间很适合走温馨北欧风，以浅色桦木为主色，再搭配鲜艳家具家饰的北欧风配色，适合营造空间活泼气氛，减轻视觉压迫感。客厅搭配了桦木电视柜与鲜蓝色沙发，营造出温暖的小客厅氛围。书房空间虽然小但藏书多，特别以大镜面作为柜体门片来反射放大空间，黑白两色相间搭配的书柜，展现层次变化的活泼气息，减轻了整排书柜的压迫感。

为了有效地利用空间，选择结合多功能的家具。设计师就替房主选择了可折叠式的餐桌，宽度够房主两人平时使用，一扳起桌板即成为四人用餐桌。餐桌下有抽屉可以直接当成餐具柜使用，既节省空间又方便。

✚ 收纳物品、容纳客人 都没问题的小客厅

客厅空间有限，在家具选择上必须更加注意搭配方法。选择柜身较浅的电视柜，节省客厅空间的同时又不会减少收纳量，还可放置完整的视听设备，房主收藏的CD、书、相框和摆饰品都能够交给电视柜来收纳和展示。

沙发没有采用321的搭配，而以一组鲜蓝色双人沙发作为主要座位，窗前摆放三个可以收纳报纸杂志的开放式方格柜，搭配坐垫就成了一排坐榻。如果有客人来，窗前的方格柜坐榻就发挥作用了，再加上轻巧的单人藤椅，小巧的客厅至少可以容纳6人，发挥了很强的社交作用，好客的房主再也不用烦恼客厅坐不下了。

✚ 预算分配 小提醒

1. 先决定好居家风格，有大方向的话，能节省挑选时间，避免买到风格不搭的家具，造成无谓的花费。

2. 挑选时，可以选择门片或是座椅椅套可更换的家具，未来只要选购新的门片或是沙发套等，即可用较少的预算创造焕然一新的居家风格。

3. 利用家饰为单调的墙面增添风情，同时可以省下油漆或是粘贴壁纸的装修费用。

4. 搭配收纳小道具，创造额外的收纳空间。例如利用衣柜上方的空间，搭配一目了然的透明收纳盒或鞋盒。

5. 因为空间有限，家具的挑选方向以多功能为主，例如选择可折叠的餐桌，平日可以让夫妻享受两人甜蜜的用餐时光，邀请朋友时可以延伸桌面一同用餐。

6. 自己动手DIY组装家具，也可以省下一笔费用。

Tips.

How Much？
预算分配看这里

①家具组装、天花板灯安装及家具上墙钻洞费 ▶ 2261 元
②IKEA家具家饰 ▶ 28011 元
③硬体工程 ▶ 约 7500 元（粉刷、天花板）
　总计 =37772 元
（以上为个案预算，详细情形请咨询IKEA设计部）

5

6

7

8

4. 在浅色餐桌上可以用比较鲜艳的餐具、餐垫搭配，丰富视觉层次，符合北欧风的清爽自然又不失温馨的气氛。

5. 面积不大的空间，建议选购可开合的餐桌，平时提供房主两人使用，有客人来也能变成四人用餐桌。

6. 主卧房里以IKEA的水晶吊灯和立灯营造浪漫气氛，窗边的角落正好以一组黑白色系矮柜作为端景，营造美好的窗边风景。

7. 主卧室以镂空方格金属架代替床头柜，搭配金属材质的桌灯，呈现简约风格。可移动的挂画或壁饰也是很好的装饰选择，将来可以轻松变化色调和风格。

8. 书房的空间很小，于是设计师特别以大镜面作为柜子的门片，让空间有反射放大的效果，右侧的书柜以黑白相间搭配，使摆放了许多藏书的书柜展现出活泼的气息，减少了沉重感。

厨浴共用玄关走道动线
ⓐ m² 乡村古典精致收纳宅

■浅色系的色彩、低调的吊灯、雕花边框装饰与木作家具，令人向往的乡村古典风在眼前展开。在这个清新的空间中，光是利用楼梯下的空间就容纳了冰箱摆设处、电器柜、杂物柜，甚至还有储藏室，充足的收纳功能仿佛拥有了一个多功能大收纳盒。■

Opinion.
多河设计师诊断

① 房高3.6m，夹层过大会遮蔽全室采光
以适当的夹层大小安排睡眠区，可以保留主动线上方以及客厅区的挑高视野，并运用轻透玻璃材质隔板，降低夹层的压迫感。

② 除了客厅和主卧，还要满足厨房、餐厅和浴室的功能空间
整合一字形厨房、小餐厅和浴室在玄关走道两侧，共用动线，不浪费地板面积。

| Case Data |

设计公司_多河设计
室内面积_40m²，加建夹层，房高3.6m
室内格局_玄关、餐厅区、客厅、储藏室、浴室、夹层睡眠区
使用建材_喷漆木作、壁纸、雕花线板、柚木地板、玻璃、茶镜

✚设计公司_多河设计　摄影_Yvonne　文字版权_美化家庭杂志

1. 短短的走道融入了玄关、浴室、厨房和餐厅等丰富的生活功能，与客厅区同样维持挑空，消除了压迫感。

2. 利用入口墙面的凹陷处设置收纳鞋柜，柜身些微的立体线条在白色的背景上勾勒出明暗层次。底部悬空的设计搭配间接灯光，化解木作柜体的压迫感。三角形层板展示架引导动线进入厨房区。

3. 鲜明的主墙设计，以立体古典雕花做边框，清新花卉纹路立面，摆上电视矮柜，营造出一面典雅、简洁的电视墙。

✚ 厨房、浴室
共用玄关走道动线

玄关地面铺设耐磨石英砖，与室内柚木地板形成转换界线。特定时间才会使用到的厨房和卫浴被设计在玄关走道两侧；开放式的一字形厨房与小餐厅相连，优美的烛型吊灯点出餐厅区域；走道另一侧则是浴室、电器柜与储藏间。在不影响走动的情况下共用动线，最大限度地利用有限的面积。

开放式格局引进采光，走道上方保留挑空的设计，即使是身处狭长走道的玄关、厨房和餐厅，都能维持一定的亮度，化解狭隘感。厨具所需的深度较收纳柜深，凸出约30cm的落差，会产生一段直角空间，以三角形层板填补此奇零角落，使动线顺畅，避免开门见"角"，也顺势利用为展示架。

✚ 梯下收纳方块盒

充分利用奇零空间，让这个袖珍的立体住宅拥有精致的收纳空间。进门玄关处，墙面原有的梁柱间凹陷处，刚好用来设计实用的收纳鞋柜。靠墙角的楼梯设计，顺着楼梯转折走向，利用楼梯下的方块空间，在水平、垂直方向分割出大小格柜，容纳了厨房区的冰箱、灵活抽拉层板的电器柜与杂物柜，另外一半的空间则设计为面向客厅的储藏室，成为一个多功能的大收纳盒。

上层的主卧，利用浴室上方空间增设实用衣柜，简洁的拉门造型虚化柜体的存在感。双人床旁，L形的木质台面作为床头柜，床头内缩的设计配合柔和光源成为展示柜，也有小夜灯的作用。

✚ 保留走道与客厅
挑空化解压迫

考虑到房高3.6m，如果夹层过大反而遮蔽全室采光，因此将适当的夹层大小设计为睡眠区，刻意保留主动线上方以及客厅部分的挑高视野，夹层运用轻透玻璃材质隔板维持视觉穿透，降低压迫感。

浅色系的优雅乡村古典风格，加上一些维多利亚风格调味，展现出清新、典雅的气息。唯美的墙面、以细致的古典雕饰强调立体感的边框、墙面写意的花卉图腾搭配电视矮柜，营造出简洁、典雅的电视主墙。在材质上运用纹路表现深浅明暗的层次效果，例如玄关鞋柜些微的立体线条、电视墙图腾、沙发背墙的直条纹与花叶窗帘都在浅色系的空间中增加了层次感，丰富了视觉变化。

4

5

6

4. 保留局部挑高增加室内的自然采光，狭长的玄关走道也拥有明亮视野。视野好与采光好的临窗区被设计为阅读区。

5. 利用楼梯下的奇零空间放置冰箱与电器柜，面向客厅处还有储藏间，对开茶镜的门片可以扩张空间感。

6. 床头内凹的设计内嵌灯光，成为展示柜，也有小夜灯的作用，在夜晚增添主卧的趣味。夹层隔板使用透明玻璃材质，保持视觉穿透与空间感。

56m² 小三角形格局
变身书房结合厨房的创意小豪宅

Opinion.
马昌国设计师诊断

① 三角形格局难设计

奇零角落用收纳柜修饰，每个区域修整成较好利用的方正格局，再利用镜子延伸空间，缓和视觉。

② 客厅两根柱子过粗影响美观

柱子以烤漆玻璃材质包裹，营造空间时尚感，并在两根柱子之间架高出一个木平台，成为客厅可坐可卧的沙发区，妥善利用了奇零空间。

③ 原有窗户既少又小

以大片玻璃窗铺陈空间，延伸视野，搭配风琴帘的使用让光线可以弹性进出，配合间接光源营造气氛，呈现层次立体感。

■房主买下此户是因为喜欢市中心的便利，但同层还包括其他公司商户，为了确保门户的独立安全性，决定更改进门方位。面对三角形的空间又要格局大逆转，创意的格局思维与材质运用使令人苦恼的空间有了180度大转弯，变身为精品旅馆的质感。■

1

2

|Case Data|

设计公司 _ 俱意设计
室内面积 _ 56m²
室内格局 _ 一室一厅、书房兼厨房
使用建材 _ 大理石、不锈钢、玻化石英砖、贴皮白橡木、贴皮胡桃木、烤漆玻璃、明镜、集层榉木地板

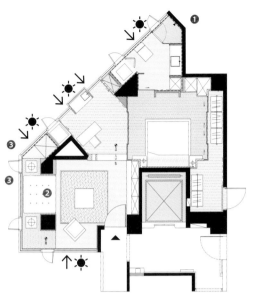

1. 更改大门方位后，从电梯外就开始以水泥板和间接灯光营造门外与门内的一致性。

2. 两根粗柱用烤漆玻璃包裹，形成明亮的光影反射，柱体中间采用架高的木地板形成卧榻，日后铺上沙发椅垫，就是充满时尚感的别致家具。

3. 客厅与书房之间的过渡利用大理石矮阶与木地板形成缓冲，左侧以落地的明镜制造空间延伸的错觉，提升宽敞感。

Tips. 变身精品豪宅的满意设计

Ⓐ
利用许多特别的材质，例如玻璃、镜子和烤漆玻璃等，让整个小空间明亮起来。通过大面镜子的反射，使得空间有放大延伸感。

Ⓑ
卧室、书房特别铺设没有经过上漆处理的木地板，带来最自然舒适的温润行走触感，调和以硬冷为主的石材、玻璃材质，在私人领域中使人感到温暖。

Ⓒ
以"画框式"的创意将洗碗槽变成一件艺术品，打造书房里有厨房的惊喜。

4

✛ 改变进门动线的
格局大逆转

为了在公司、商户林立的楼层中维持独立门户，将逃生门更改成大门进门动线，造成格局顺序大逆转。原本配置的客厅变卧室、卧室变客厅，动线完全不一样，必须重新架构空间。

除了考虑动线问题，同时也要修正三角形格局。采用开放格局，玻璃与五金相结合的活动门片，能够灵活开合隔间，让人一进门的视线就可通达内部。设置大面积落地镜反射小空间，制造出放大的效果，奇零角落则以收纳柜填补，修正了小三角形空间令人不舒服的视觉。

✛ 颠覆传统的
书房结合厨房的设计

以创意思考规划，在空间上打破传统装修逻辑，将书房与厨房功能相结合。设计师拆解厨具，隐藏在附有滑轨门片的左右柜体内，只留下中央玻璃水槽安排在窗边，在窗景映衬下如画框艺术品一般，书房和厨房可以协调并存，呈现功能与美感的最佳平衡。

另外还利用客厅两根粗柱间的地带架高平台，铺上沙发椅垫就成为舒适卧榻，巧妙化解了粗柱不美观的问题，并且结合了实用的家具功能。

✛ 都市中的
精品小豪宅

不只在空间与材质上有丰富变化，就连间接灯光也无所不在。柜子下方、壁板两侧或是圆形天花板的光槽内散发的光线，都是让空间变得立体感十足的原因，光线加上色彩、材质的搭配，更展现出独特层次的风格。

$56m^2$ 的面积，空间设计发挥了大景窗、好视野的优势，在视觉上超过了原有面积，具备客厅、书房兼厨房、卧房、更衣室与浴室的功能，使原本令人苦恼的三角形空间变身成为格局宽敞的优质居家空间，很难想象这间媲美精品旅馆的小豪宅的前身竟然是办公室。重新的设计，彻底改变了小空间与三角格局给人的刻板印象。

tips.
Budget
预算分配

①拆除工作 ▶ 17845元
②泥作工程 ▶ 24252元
③水电工程 ▶ 26875元
④石材工程 ▶ 26015元
⑤木作工程 ▶ 97610元
⑥油漆工程 ▶ 13975元
⑦玻璃工程 ▶ 16985元
⑧木地板工程 ▶ 15265元
⑨卫浴工程 ▶ 25800元
⑩铝窗工程 ▶ 30745元
⑪五金工程 ▶ 7525元
⑫铁作工程 ▶ 25746元
⑬防火门工程 ▶ 27950元
⑭灯具工程 ▶ 6880元
⑮保护工程 ▶ 968元
⑯窗帘工程 ▶ 33325元
⑰空调工程 ▶ 36120元
总计 ▶ 433881元

5

6

7

8

4. 电视主墙面以胡桃木壁板来悬挂电视，上下两侧的间接灯光在大理石上产生光影美感，为空间增添灵气。

5. 从客厅经过书房再转进主卧室的动线，清楚且宽敞，化解了小空间给人的压迫感，加上壁面不同的材质变化，呈现舒服、清爽的氛围。

6. 书房里附设小型厨房，橱柜上的玻璃洗碗槽透着月光，形成书房内特殊的装置风景，颠覆一般人对于小面积厨房的想象。

7. 从主卧房内的视线可以穿透到客厅，需要隐私时就可以拉上玻璃门片和窗帘，形成不被干扰的区域。

8. 主卧室的床头板高度是电视柜的延伸，让开放空间在视觉上可以达到一致性，再透过不同材质与灯光的变化增加层次。

59m² 白砖墙、拼贴吧台
复刻纽约老公寓

① 现代化的住宅空间处处都是现代材质，影响复古空间的营造

除了材质与配色都要复古，工法也要呈现复刻手感，我们特别重砌墙面、拼贴瓷砖、仿旧手刷油漆。避免使用太现代化的元素，例如以木头或黑铁代替五金把手，使用壁灯、吊灯而非时下流行的间接光源。

② 原本格局有两间房，进大门处还有一堵墙，影响空间与动线

拆除两间卧房的隔间，设计为开放的客厅和半开放式书房，连接厨房区域，使开放式的空间开阔了许多。

■经典的复刻版家具总是抢手货，为什么不要新的却要旧的？复古家具的迷人之处来自于它散发的怀旧氛围，带我们回到过去生活累积的世代记忆。那空间也可以复刻化吗？手感白砖墙、瓷砖拼贴吧台、粗木纹触感、没有间接照明、五金配件等时下潮流元素，复古的质感带领我们搭乘时光飞机，穿过时间、空间，走进纽约复古老公寓。■

|Case Data|

设计公司_ 冠宇和瑞设计
室内面积_ 59m²
室内格局_
一室两厅、书房
使用建材_ 超耐磨地板、涂料、马赛克、杉木、线板、砂岩板

✚ 设计 _ 冠宇和瑞设计　图片提供 _ 冠宇和瑞设计　文字版权 _ 美化家庭杂志

1. 房子的格局几乎是全部拆除后重新配置，进门后先是餐厅，然后才是客厅、书房，仿效美式生活动线。

2. 书房紧邻公共厅区，活动帘幔设计可让书房变为客房。杉木窗片采用左右横推开合方式，临窗面的书桌与活动式矮柜搭配。订制的矮柜也同样采取左右横推开启，少了现代化的五金配件，回到旧年代的时空场景。

3. 重新砌的红砖墙，再刷饰成复古白砖。一盏壁灯和一张仿旧刷色玄关桌，不需太多矫情的装饰，让人感到舒服、自在。

4. 拆除厨房跟相邻卧房的隔间，变成一个既完整又开阔的公共厅区。原有的窗型空调开口改为斜面结构，镶嵌玻璃，就像由教堂高窗射入的阳光一样。

5

✚ 拆除墙面
设计美式生活动线

房主希望能够复刻出纽约老公寓的感觉，将生活的累积带回故土。既然要塑造复刻氛围，那么连格局的配置也要符合才行。美式的格局动线有自己的特色，穿过厨房、餐厅，才进入客厅或起居室。设计师在小空间中要呈现开阔、顺畅的美式生活动线，于是拆除了原本一进门的墙以及两个房间的隔间，利用打通后开阔的空间设计成开放式客厅来连接厨房区域，另一边是半开放的书房。

大主卧附有独立的卫浴间，拆除了原本配置的卫浴，在与书房相邻的位置设计了客用卫浴。拉起书房帘幔，不但能弹性变身成客房使用，客人还可以直接从书房进入客用卫浴，既方便又顾及客人的隐私。

✚ 复刻工法
拼出时代生活

想要打造复古老公寓，使用的材质和工法手感是很重要的。设计师特地将主卧房、书房的墙面重新砌上砖，而且还刻意砌得不太工整，营造旧时代的手工工法。另外，红砖墙要变身白砖墙也不是件简单的事，油漆该怎么刷，才能有自然的手刷感又不会掉屑，就连客厅的秋香绿壁面也要呈现仿旧质感，这些都是设计师与施工团队花了许多时间沟通、研究、试验出来的。

开放餐厅的白色吧台也是令人印象深刻的设计。台面选用5×5的白色马赛克拼贴，呼应美国人DIY的生活态度，一片片拼出美式生活气息，搭配具有60余年历史的Novy1006铝合金吧台椅，简直像是电影场景。

✚ 材质自然触感
贯彻复古精神

避免使用现代化精致的五金和间接光源手法，如客厅窗户和书房矮柜利用横拉式门片，省去了把手装置，尽量做到"零"五金；即使是必须使用五金把手的厨具和阳台门片，也以黑铁材质的把手或传统黑色门闩取代。光源则运用壁灯、吊灯和立灯等传统灯具，烘托出具有生活感的小公寓温度。

其他如木头材质，也选择具有粗木纹理的杉木，就算是厨房天花板用染黑的杉木，也依旧能看得到木头纹理，搭配的砂岩板也摸得到颗粒质感。讲究材质外观的呈现，更摸得到真实的自然触感，呼应旧时代的没有使用太多加工化材质的特点，从里到外完全贯彻复古精神。

8

9

5. 主卧房与卫浴之间采用半开放玻璃材质隔间，让采光能进到卧房。百叶窗可调整光线也可遮蔽隐私。

6. 复刻版厨房选用黑铁把手，在工作阳台还设计了一道带有小窗的木门片，配上复古黑色门闩，也有点乡村气息。

7. 主卧房床头延续厅区的秋香绿，走道壁面设计一整排衣柜，采用手感自然的杉木门片，并直接以杉木板当作把手，让人不觉得这是衣柜，反而像是造型壁面。

8. 有别于客用卫浴的大胆用色，主卧的卫浴选择米色、咖啡色系铺陈，不变的是塑造复古气氛，例如壁灯、复古龙头的搭配。

9. 绿色是连结各空间的元素，复古之外多了人文气息。特别找来绿色二丁挂砖铺陈客用卫浴，结合杉木洗白天花板、木纹浴柜，老公寓质感油然而生。

Home Case

无限设计力突破有限空间
㉓m² 姊妹同住双份格局

① 必须要有独立的两室
左右对称的格局正好可以做成前后两侧夹层设计，分别配置两个房间，中段位置则保留挑空格局作为客厅，在下层客厅活动时不会有压迫感。

② 浴室低矮有压迫感
利用上层上凸的床板高度空间让给下层的楼高，这样楼下浴室的天花板就多出了30~40cm，使用起来更舒适，而且丝毫不会影响睡眠空间的高度。

■ 设计力量大，可以在23m²的空间中设计出两室、一厅、一厨、一卫的完备功能，满足姊妹两人同住又拥有各自房间的需求。利用上凸床板的空间补充下层楼高，楼梯下的空间设置门柜与台阶暗抽，巧妙的设计手法，使有压迫感、收纳难等小空间的种种难题迎刃而解。■

|Case Data|

设计公司_柏昂室内设计
室内面积_23m²，加建夹层，房高3.6m
室内格局_两室一厅
使用建材_矽酸钙板、铁刀木皮、白橡木皮、ICI涂料、茶色玻璃、木地板、抛光石英砖、试管灯

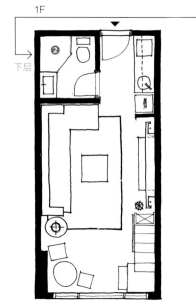

1F　　　　　　　夹层

下层　　　　　　上层

1. 电视墙旁设计有开放层架和隐藏式收纳柜，采用上下不接天地的柜体设计，以营造轻盈感。楼梯下方的门柜与台阶内的抽屉柜都兼具美观与隐藏收纳的功能，收纳大大小小的物品都没问题。

2. 穿过入口两侧的厨房与卫浴走道即进入一楼的客厅区，保留挑高的客厅空间丝毫没有压迫感，L形沙发还可容纳姊妹的朋友一同欢乐。

3. 以数百个试管组成的吊灯，在楼下开放空间与楼上茶色玻璃材质之间互相辉映，荡漾的光影在空间中流动。其吊挂的位置也是经过精密计算的，位于全室正中央，有如室内小太阳。

✚对称格局
左右夹层配置两房

高度3.6m的空间扣掉必要的楼板厚度后，每一层楼仅剩150多厘米，几乎无法使人轻松站直，同时也会造成极大的压迫感。设计师观察格局，发现长形格局相当方整，从平面图来看，前后对称的形状正好可以在两侧设置夹层，配置两个房间。至于中段的部分则保留挑空格局作为客厅。

这样的设计能拥有独立的两室，在楼下客厅看电视，或邀很多朋友来家中人做客时，都不会有任何压迫感，反而感觉到空间挑高舒适。为了避免上层房间产生重量感使楼下有狭隘感受，楼上隔间材质采用茶色玻璃，隐约穿透的视觉保有隐私，也化解了客厅、房间之间的视觉压迫感。

✚姊妹房间
与下层的浴室设计

大门入口两侧是厨房和卫浴，姐姐的房间就位于上方夹层。由于厨房、卫生间是不会长期停留的空间，一般设计时常以迁就心态来面对夹层下较低矮的高度。但此次设计师选择不妥协，将姐姐房间内的床板架高，下面多出的空间让给下层浴室的高度，这样楼下浴室的天花板马上上升了30~40cm！高度变高了，使用起来更舒畅。如此巧妙的设计，丝毫不影响上层睡眠空间的高度，同时也缓解了下层低矮的压迫感。

✚妹妹房间
与下层的楼梯、餐厅

另一侧夹层，一上楼旁边的房间是妹妹的卧室，架高床板后富余的空间让给下层的楼梯口及未来的餐厅区，还解决了原本楼板过低不适合设计天花间接照明的问题，利用楼梯前上凸的天花板内嵌光源，营造空间层次与气氛。另外也以一幅暖色的抽象画作缓和原木、茶色玻璃及黑色家具较深沉的色彩配置。

为了保有简洁的视觉，采用隐藏式收纳柜体。楼梯下方空间设计为门柜储藏室，台阶内部也有暗抽，最底一阶也做成抽屉式，不用时可推入内部不占空间。电视墙侧旁有开放式层架与附有门片的格柜，方便收纳影音设备与杂物。两个房间内也有衣柜，整体收纳力相当强。

---

tips. Ⓐ正向的空间剖面图

上层 ▶房间柜体、吊灯区、房间橱柜
下层 ▶楼梯间、客厅电视柜、厨房

Ⓑ反向的空间剖面图

上层 ▶房间床位、吊灯区、房间床位（床位利用上凸地板的设计争取下层空间高度）
下层 ▶小休憩区、客厅沙发区、浴室

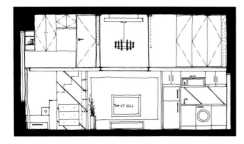

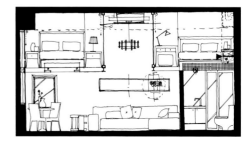

4

5

4. 楼梯间的上层以夹层设计出一个房间，同时利用床位上凸的空间做出间接光源设计，也造成拉高天花板高度的错觉。

5. 以茶色玻璃为隔间，穿透性材质化解压迫感。设有卷帘，拉下卷帘即可保有两个独立房间的隐私。

50 m² 微型舞台
上演编舞家的创作与生活

■ "小"既是编舞家林文中创作团队的首作，也是他仅50m²新家的设计灵感主题。空间简洁、纯净，就像林文中的舞，但每个小细节所蕴含的故事又足以让生命风景无限放"大"。"正是因为小，更要做得精致。"设计师秉持着这样的想法，打造了编舞家的微型舞台生活。■

Opinion.
谢宇书设计师诊断

① 大门内缩格局，使得扁平形状的空间更被压缩，这个不完整的空间，客厅无论怎样划分都显得小
将客厅、和室和书房串联成为完全开放的空间，整个空间不受拘束，弹性利用空间更大。

② 厨房正对浴室，破除隐私疑虑
以茶色玻璃作隔屏，解除隐私疑虑，同时也具穿衣镜功能。

③ 需要编排舞蹈的空间
利用开放和室配合高低台阶营造微型舞台，升降的屏幕取代电视，随时可让舞团坐在台阶上观看编舞影片，一转身即可在舞台上起舞。

| Case Data |

设计公司 _ 芮马设计
室内面积 _ 50m²（含阳台）
室内格局 _ 一室一厅、和室、书房
使用建材 _ 矽酸钙板、抛光石英砖、栓木皮、染黑栓木、染白栓木、茶镜、瓷砖

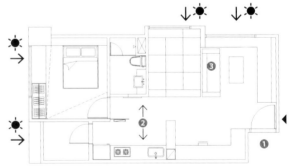

1. 除了必要的浴室、主卧室隔间，整间房子没有多余的墙面，也因为没有电视的需求，没了电视墙，让50m²的小空间变得更加有弹性。开放的和室是编舞家的微型舞台。

2. 抬升的阶面上放软垫，配合客厅摆放的活动滚轮边几，就是舞者们随性自在的沙发区。投影屏幕可随时放映编舞影像给舞者观赏。

3. 书桌是厨房一字形的延伸，也兼有餐桌功能。

4. 开放式的和室升降桌也兼具餐桌功能，作为吃饭、阅读的区域。收起升降桌，和室就会成为微型舞台，提供编舞、排舞的场地。

✚ 开放和室
大舞台

进入客厅，黑白色调的开放和室就是编舞家的微型舞台，虽然小，但更能摒除一切外在杂质，专注于舞者的肢体语言，就像这间仅50m²大的房子，更是要以精致设计来摒除其他多余的物品装饰，实现小空间利用的最大化。

房主甚至连电视都不需要，而他最重视的是家的使用弹性，于是便决定将客厅、和室与书房串联成完全开放的空间。少了电视墙的限制，客厅的弹性更大了；没有传统沙发，高低阶平台配上定制的软垫就是随性座椅；附滚轮的茶几可以配合轻松移动。偶尔必须在家编舞或排舞给舞者看时，可放下客厅投影屏幕放映编舞作品，舞者可随性坐在和室里、台阶上观看，接着轻轻一转，舞台就成了舞者跳跃的地方。

✚ 一体成型的
黑白流动设计

设计师重新体会了房主的舞蹈作品："文中的舞和他的人一样直接，简单却很有感情，我想将舞蹈、音乐呈现的韵律感表现在空间中，像是流动的画面，也像乐曲的对位和声。"将和室与客厅区形成高低落差的对位地面，黑、灰、白三种色彩旋律表现在壁面层次中。浅、深灰色呈现高、中音，地板与客厅座椅的栓木皮染黑、染白材料如同黑白钢琴的低音，和谐的旋律在空间中跃动。

呈现抽象思考也兼顾实用性，和室的架高地板增加收纳空间，一张升降和室桌代替正式餐桌，实现空间的复合使用，这里既是吃饭、阅读的区域，也是舞台。在细节部分，铝的踢脚材质突显壁面的精致，厨房吧台也以2cm厚的实木栓木取代贴皮，若有刮伤只要用砂纸就能修平。

✚ 用最简单的材料
表现创意

夜晚灯光闪烁，方形窗户就像一个个跳动的音符，浴室的黑白瓷砖如同琴键，设计师用简单的素材实现音乐图像化的概念，只有细腻的设计才能突破空间与预算的限制。解决浴室正对厨房的隐私疑虑，以茶色玻璃作隔屏，并特别镀上水银，在影像反射下隔屏不只作为穿衣镜，室内的风景烙在玻璃上充满了想象的趣味。

简约的主卧室，衣柜门片漆上白色隐身在墙壁里，利用不平行线条拉出飞扬的天花板造型。斜线接近床头的部分稍低，创造睡眠时包裹的安全感。房主与设计师是从小的玩伴，每次去谢宇书设计师家看见的第一幅画，就是设计师的父亲谢孝德的代表作品之一——《礼品》，在此幅画的背后更藏着空间与都市、儿时交错的故事。

---

5. 浴室正对厨房，利用茶镜玻璃作屏障，在玻璃上镀水银使其具有镜子的效果，兼有穿衣镜功能。

6. 墙上的这幅《礼品》是设计师谢宇书父亲的复制油画，是房主从小去设计师家玩时在必经楼梯间看到的第一幅作品，代表两人的友情和儿时记忆。

7. 折板天花的不平行线条，为白色房间增加线条变化，上扬的天花设计具有拉高空间的视觉效果。

8. 浴室瓷砖以黑、白色的拼贴表现出空间轻快的跳动韵律。

5

6

7

8

Tips. 复制好设计，预算敲一敲

Ⓐ RMB11825

黑白琴键的和室是表演舞台

设计 ▶ 开放的和室具有某种程度的舞台象征，刻意将和室连同客厅区的座椅一体成型设计，利用硬体空间表现舞蹈、音乐的连续、流动感。

预算 ▶ 侧立板→上掀门片及铰链→面材木地板或木皮上的地板漆→电动升降机3225元→11825元。

Ⓑ RMB3225

玻璃与镜子的穿透反射

设计 ▶ 以茶镜当浴室与厨房的隔屏，为了增加隔屏的变化，先拿去工厂在玻璃中段镀上水银，营造反射、穿透的虚实层次，间接也为房主增加一个更衣镜功能。

预算 ▶ 10mm茶玻丈量→下料（磨光边）→加工（镀水银）→现场安装→3225元。

Ⓒ RMB3870

不平行天花线条的发扬感

设计 ▶ 卧室空间面积较小，白色壁面利用悬挂画作呈现简单的人文气息，并利用不平行线条设计天花板，透过高低落差的倾斜处理，具有拉宽、拉高的视觉效果，人在睡眠中也会有被包裹的稳定感。

预算 ▶ 天花板角料→夹板→木皮板（已油漆）→3870元。

（以上为个案预算，详细情形请咨询设计师。）

Home Case

拉高 26 m² 的魔法
3.6m 夹层变身楼中楼

① 好客的房主夫妻时常有亲近朋友往来，希望有个自在舒适的空间聊天

打破传统夹层的上低下高的设计，改为下低上高，利用下层高度较低的特性，无形中拉近人与人之间的距离，非常适合作为温馨聊天的小天地。

② 上层主卧空间不够设置梳妆台

在下层和室的两个衣柜中间设置梳妆台，方便房主出门前的整装打理。

■打破传统夹层高度分配，挑高 3.6m 采用"下低上高"的设计，高度较低的下层和风客房不但没有压迫感，反而形成了与朋友相聚的温馨空间；能够直立站在别致的圆弧夹层区，俯瞰保持挑空的客厅，26.4m² 的室内甚至还有景观餐厅，几乎有如楼中楼般的高级享受。■

| Case Data |

设计公司 _ 阿曼设计
室内面积 _ 26m²，另加建夹层 8.25m²、屋高 3.6m
室内格局 _ 一室两厅、一卫、一和室
使用建材 _ 百合白水泥漆、抛光石英砖、洗白白橡木、丝质泡棉裱布、喷砂玻璃、深色胡桃木、马赛克瓷砖、清玻璃、烤漆铁件、进口家饰布、C 形钢、化学锚栓

1. 夹层采用下低上高的方式，上层是独立私密的主卧，高1.8m；下层是与友人坐卧休憩、聊天的和风空间兼客房，高1.3m，设计符合房主需求。

2. 客厅壁板以丝质泡棉裱布、白橡木洗白木框制作，搭配米色柔软沙发组，展现小巧精致的都会时尚感。左侧用白橡木洗白喷砂玻璃隔屏与厨房相隔。

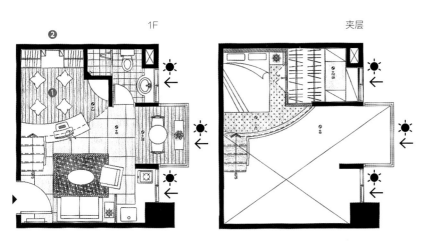

1F　　　　　　　　夹层

2

+ 下低上高设计
打造楼中楼

一踏入玄关，前方进入客厅区域，左方是通往夹层的楼梯，这两条主要动线在玄关开展，区隔楼下的公共区域与楼上的私密卧房，清楚利落的动线丝毫不浪费空间。玄关处利用开门门片后的奇零空间，在仪容镜前设计一个窄小平台，可以顺手放置钥匙，出门时也不会忘记带，符合人性的小设计就能使生活方便许多。

房主希望除了客厅之外，还有一处可以与朋友聊天的自在小空间，因此保留客厅区挑高，设计下低上高的夹层，下层1.3m的客房只需坐卧聊天的高度，高度较低，使人与人之间更亲近了。把高度留给上层，在1.8m的主卧不需弯腰，26m²的空间让人感觉被拉高、拉宽了，有如置身楼中楼的宽敞空间。

+ 空间死角
顺应需求变功能

为了充分利用奇零空间，在暗藏管线的浴室上方，设计师将其设计为主卧室的储藏室兼衣帽间，百叶门窗的设计美观又通风。下层的和室空间也设置了衣柜，方便在下层的浴室盥洗时换穿衣服。梳妆台就设置在和室衣柜中央，符合房主的生活习惯，出门前在此打理仪容更为方便。

利用和室空间的墙角设置一个扇形储柜，冰箱就隐藏其中。上层相对处的奇零角落则设计为书柜。天花板、地板也能利用，在L形厨房上方设计储藏吊柜，架高的餐厅区地板藏有暗抽，甚至卫浴空间也设有储藏柜。顺着夹层弧度的弧形电视柜，也成为和室空间的半开放屏障，上下层都有帘幕供遮蔽成为私密独立空间，充分展现挑高小空间的运用魔法。

+ 欢迎光临我家的
五星级餐厅

一进门就让人感受到别致的时尚质感，客厅壁板以丝质泡棉裱布、白橡木洗白木框打造，搭配米色柔软沙发组，在天花间接光源、嵌灯和台灯的光晕辉映下，烘托着都会中的温暖家庭。

视线往前更令人惊艳，家中竟然有景观餐厅。设计师将外推的阳台区设计为临窗餐厅，窗帘一拉开就是拥有极佳视野的大片观景窗。深色胡桃木的临窗平台，是从玄关进入就能眺望到的端景，也是营造餐厅气氛的摆饰台，甚至是享用大餐不够摆放时的预备餐桌。在窗边，仰望星光月色，品尝佳肴美酒，如同把高级餐厅搬回家一样。餐厅成为小两口共进烛光晚餐、共品咖啡，甚至单纯享受阅读乐趣也觉得很幸福的温馨天地。

3

4

5

6

3. 下层和室衣柜的中央是梳妆台，出门前在此化妆、整理仪容更为得心顺手。右侧角落设置扇形储柜，冰箱隐藏其中。顺着圆弧延伸为电视柜，环绕和室空间成为一个谈天小天地。

4. 外推阳台区设计为有临窗景致的餐厅，视野极佳；搭配进口家饰布窗帘，深色胡桃木作平台摆放营造餐厅气氛的烛台或饰品，在天花吊灯光源的烘托下，品尝佳肴美酒，就像把高级餐厅搬回家一样。

5. 夹层上层主卧的百叶窗柜体是储藏室兼衣帽间。转角奇零处设置书柜，充分利用到死角。

6. 圆弧的夹层样式以橡木染白、白色铁件锻造，展现优美的空间造景与轻巧感，视觉无压迫；加上天花同样采用圆弧形的间接光源，所以身处26m²的夹层屋却有上下两层楼面积广阔的视觉感。

极致空间分割法
创造40m² 双房双衣柜大澡间

■梁柱不是问题，夹层不怕距离，设计师相当注意细部空间的分配，利用空间留白、高低差效果、色彩配置和同中求异等装修手法，满足房主的极致要求，在挑高3.4m的40m²小空间中实现这间定位为美式极简风格的小豪宅。■

①6m²的浴室非常拥挤

从较少用到的厨房着手，L形厨房改为一字形，再纳入阳台区域。扩充面积的浴室拥有干湿分离的设备和泡澡浴缸，还有临窗好采光。

②餐厅吧台在主要动线上，边角影响频繁走动

以不规则的斜角设计，降低直角形式的桌角影响动线顺畅的程度，并在吧台旁的墙面加装明镜，光影折射在转角镜面上产生延伸的视觉效果。

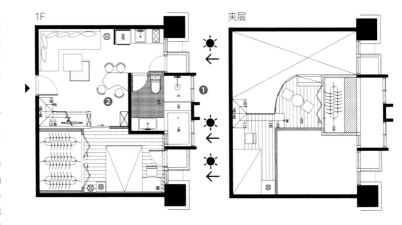

1F　　　　夹层

| Case Data |

设计公司_
拾雅客空间设计
室内面积_ 40m²，加建夹层，屋高3.4m
室内格局_ 两室、两厅、一卫
使用建材_ 木地板、抛光石英砖、强化玻璃、深色镜面

1. 一楼挑空的区域是L形大沙发、厨房与吧台。开放公共空间的沙发与吧台座位可以同时容纳多位客人。

2. 浴室上方，除了必要的遮梁收管之外，制造出3m²的第二收纳柜，用一轨三门的折叠形式与公共空间隔绝，白色的柜门与天花板及墙面融为一体，隐藏进空间中。

3. 在吧台墙面加装明镜，让原本转角的暗处经过光影折射产生深邃的视觉效果。

4. 利用上层客房的下方空间设计成一楼主卧的开放衣物间，使用旋转吊挂衣架，选取衣物非常方便。

5

✛奇零空间
创造主客两个衣物间

位于一楼餐厅旁的主卧，放张双人床后已占去近一半的面积，没有富余再另外设置房主想要的大更衣室，于是利用上层客房下方的空间设计衣物间，这个空间上高下低，特别装设几个可旋转的圆弧轨道型衣架，一件件衣服一目了然，不需低头微蹲就能轻松站着挑选。采用开放式的设计，整个主卧就像大型更衣室，也方便放置行李箱、背包等大型物件。

上层客房也有一个隐藏式第二收纳柜，设计师把想法延伸到浴室上方，除了必要的遮梁收管之外，制造出3m²的衣柜，门片用一轨三门的折叠形式，白色的柜门与天花板及墙面融为一体，隐藏在空间中，两个衣物间同时满足主客需求。

✛不规则吧台
消除边角以顺畅动线

从大门到厨房、卫浴、主卧和客房的四大动线，其转折点就在介于中间的餐厅吧台。考虑到附近频繁的动线，特别设计不规则的斜角吧台，穿越时不会因桌角而有不顺畅的动线，也因为不规则形状使餐桌的周长较长，有四位客人来同坐时有足够的用餐空间。墙面加装明镜，让原本转角的暗处经过光影折射产生深邃的视觉效果。

考虑到客房是备用性质的，决定设置在上层夹层。强调"一窗一风景"的概念，将原本是暗间的客房，用透明玻璃做大片窗与挑高的主卧相隔，光线、视线互相穿透，消除封闭感。

✛改厨房形式
拥有大澡间

原本的浴室空间只有约6m²大小，降版卫浴搭配马桶面盆，将卫浴挤得满满的，决定将利用率较低的L形厨房改为一字形，同时纳入阳台，空间顿时扩大一倍以上，浴缸临窗，泡澡时还能欣赏夜景。

一楼大半空间作为公共空间，在厨房与客厅间加装木作板，避免进门见灶。从厨房延伸到客厅天花的大梁，则以镜面全包，搭配近顶的间接照明反射，让原本质感超重的横梁变成艺术装置，同时借由镜面反射增加视觉空间感。餐厅则设在浴室外的转角处，以吧台形式呈现，符合简易用餐的生活习惯。

---

5. 原本是暗间的客房，用透明玻璃做大片窗与挑高的主卧相隔，窗下做木隔栅。空调安装在客房中，利用热升冷降的空气原理，主卧也能享受到冷房效果。

6. 浴室空间经过修改后顿时扩大一倍以上，原本的淋浴龙头从浴缸上移至对墙，制造干湿分离的区块，大大增加了卫浴的视野。

6

Tips. 设计好点子

Ⓐ

玻璃围栏打造室内观景台

夹层休憩空间外围以白色圆弧形木作包裹后，舍弃常见的圆弧围栏做法，边线选用三片透明强化玻璃，以160%左右的宽角度相连接，借由同立面两种不同的包覆方式增加视觉层次。

Ⓑ

用照明提醒抬脚的人性化设计

特别缩减楼梯阶数，相对提高台阶，以中空柜体的方式呈现木作阶梯。透过内嵌灯光，提供走楼梯的安全照明，同时中空内部也能展示摆饰品，发挥灯光的多功能性。

Ⓒ

家具边角不落地空间更具穿透感

小空间要避免压迫感，所以沙发、茶几等家具的选择很重要，除了色彩不可过重外，椅脚不要选择整片落地形式的传统大沙发；茶几也是同样道理，以细支架落地的款式最适合，让地面与家具留有距离，增加视觉穿透感。

53 m² 开放格局环绕动线
玻璃砖幕荡漾幸福时光

Opinion.
谢一华设计师诊断

① 只有单面采光
采光最佳的厨房区域，以白色打造厨房色调，更强化光影反射，配合玻璃砖，将光带进屋内各个角落。

② 需要厨房及用餐空间
开放式厨房旁设有早餐台，兼餐厅使用，既能节省空间，也让夫妻一起下厨时能够互相陪伴。

■在追求简单、质朴的生活哲学下，以简单即是美的美学形式，搭配大自然木作材质，设计出宽敞、明亮的开放式格局。共用空间功能、暗门藏着走不完的环绕动线、善用奇零空间，最特别的是以玻璃砖幕围出宁静、明朗的主卧，幸福荡漾在小空间的每个角落。■

1F

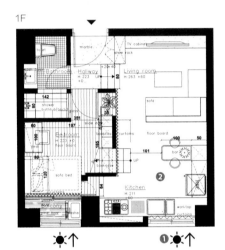

夹层

| Case Data |

设计公司_ 青禾设计
室内面积_ 53m²，加建夹层，屋高3.6m
室内格局_ 一室一厅、客房兼书房、一卫、厨房、更衣室、冥想坐禅区
使用建材_ 柚木地板、玻璃砖、壁纸、铁刀木、布帘、白橡木、镜面

1

╋设计_青禾设计　图片提供_青禾设计　文字版权_美化家庭杂志

两人

1. 早餐台区隔出厨房与客厅的区域，形成餐厅区。从楼上主卧室的楼梯口往下俯视，开放式厨房的早餐台又能提供视觉端景。

2. 客厅与厨房开阔的区域，让户外灿烂的光线无阻碍地拂照室内，夹层区透过玻璃砖墙引导光线穿透，聚集成空间里精彩绝伦的时尚砖幕。

2

tips. 迷你空间规划守则

Ⓐ
串联各空间
规划格局时除了采用开放式设计，也应尽量让各个空间串联在一起，不会有"走完"的感觉。如从客厅可进入书房，而后抵达厨房等，点对点的动线连结产生了流动的空间感，进一步提高了房主对于各个空间的使用频率。

Ⓑ
空间重叠的运用
如早餐台取代餐桌、更衣室兼储藏室、书房兼客房等，用最低限度的空间创造至高的实用功能，满足小空间的高功能要求。

✚ 暗门环绕
创造走不完的趣味

空间设计为一楼客厅、厨房、用餐吧台、客房兼书房，楼上则为主卧室和更衣室。全室以开放手法来设计，暗门设计隐藏着惊喜，客厅透过一道镜面暗门即可进入书房，从书房通往屋后铺设松木地板的工作阳台和厨房，形成一个"走不完"的散步动线，同时保住了墙面的完整性。

除了空间环绕，材质也连结每个空间。铁刀木电视柜、柚木地板的使用，营造沉稳、静谧的居家情调，也让人产生亲近自然的联想，而客厅、主卧室及书房带入了青绿色和卡其色，强化了空间的立体感。

✚ 大众建材
制造处处明亮

来自厨房的采光是室内唯一的自然光源，透过开放式白色厨房的设计，更强化光影反射，扩大自然光进入室内的深度。夹层区使用玻璃砖围栏汲取来自厨房的光线，改善夹层采光不足的问题，同时具有良好的隔音效果，围出明朗、宁静的睡寝区域。

客厅区通往书房采用一道落地镜面门片，透过镜面映射空间景深，制造扩大空间的视觉效果，也倒映出空间丰富的场景以及明亮的氛围。由天花板垂悬落下的落地帘，能够控制主卧室的明亮度，适时阻挡光线穿透玻璃砖，避免光线干扰夹层区的就寝、休闲作息。

✚ 满足居家生活的
种种需求

奇零空间经创意设计，53m² 满足了收纳、下厨、用餐和阅读的种种居家时光需求。线条、色调纯净的开放式厨房，与客厅之间以早餐台作为区隔，形成餐厅区，夫妻在这里能互相陪伴下厨，也能一起用餐。客厅旁的夹层下方空间设计为书房兼客房，利用楼梯下较低矮的空间设置书桌，成为在家阅读、处理公务的宁静一角。

以"集中收纳、让出空间"的做法，达成小空间收纳、扩大空间感的双重任务。除了利用挑高空间的电视柜上方增加收纳层板，主卧的夹层区还设计了更衣室，可收纳大型物件。面向采光窗处则辟出一处冥想禅坐区，能够沉淀思考。

 私房映光术

Ⓐ

引光穿透

在夹层区以特殊横纹的玻璃砖来取代传统的围栏扶杆，导进了自然光并隔绝了声音的传导。房内地板特别刷上透明漆，映射波光的浮动，带来全新的视觉感官体验。

Ⓑ

对比炫光

对照向阳面厨房的白色调，客厅则是深沉的木色，两个区域的明亮度产生极大落差，这样的对比炫光概念来自老式三合院建筑。向外推展的屋檐很深，室内的活动在昏暗光线下朦胧不清，在屋外无法看清屋内的情形。

3

4

5

6

3. 利用客厅区的挑高优势来提高收纳量，客厅的铁刀木橱柜顶及天花整合了电视柜、居家收纳的功能。橱柜前的天花饰以壁纸装饰，为空间装点茂盛繁花景致。

4. 客厅区设置了一道落地镜面，透过镜面映射空间景深，制造扩大空间的视觉效果，也倒映出空间丰富的场景以及明亮的氛围。镜面其实是暗门，推开即可进入内部的书房，形成有趣又便利的空间动线。

5. 位于夹层下方的书房，善加利用楼梯下的奇零角落设置书桌，也可弹性作为客房使用。经由书房还可通往铺设了松木地板的工作阳台和厨房，形成环绕动线。

6. 夹层区选用厚达8cm的透明玻璃砖，引进光线也能隔音，提供宁静的睡寝区域。特地将房内木地板以透明漆处理，让光线穿透玻璃砖时，在地板上荡漾着潋滟水光的美丽波痕。

60m² 都市小空间
高质感服务式住宅

■住房距离市中心仅数步之遥，居住在这个地方，完全不用舟车劳顿。空间虽然小巧，但通过巧妙的设计，用好像对称均等的双并开放式空间，清楚区分公私的功能属性，以吧台、推拉门和磨砂玻璃等界定区域，达到放大空间的效果。■

Opinion.
Kplusk Associates
设计师诊断

①沙发与电视必须保有一定的间距
界定客厅和餐厅的吧台，将面向客厅方向的底部挖空，用以放置影音设备，不会占用沙发与电视之间的空间。

②客厅墙面无功能
利用客厅与卧室共用的镂空墙身设计书桌、书架层板，配备齐全，成为房主家中的小型工作室。

| Case Data |

设计公司_
Kplusk Associates
室内面积_60m²
室内格局_一室两厅、更衣室
使用建材_榉木地板、夹板、云石、磨砂玻璃

1

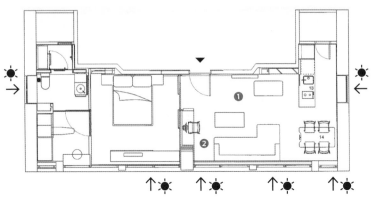

✚设计 _Kplusk Associates　摄影 _Bobby Wu　文字版权 _美化家庭杂志

1. 从餐厅望向客厅，简洁的电视墙除了壁挂式电视之外没有多余的装饰，旁边一列玻璃层架延伸至开放式厨房区域，设计简单干净，却能营造出最强的空间感。

2. 利用客厅与卧室的镂空墙身，设计出书桌、书架层板，传真机和电子保险箱等其他设备都一应俱全，如同小型工作室，方便房主在家处理事务和对外联系。

3. 客厅和餐厅之间以一道吧台为界定，面向客厅的吧台底部挖空，用以放置影音设备。开放的厅区没有花哨的装饰，时尚简约的家具配合高科技家电设备，令都市生活小巧精致。

✛焦点吧台
区隔客厅、餐厅与厨房

各空间所需的界定程度不同，常聚集的厅区最需要宽阔感和座区，因此在开放式的客厅与餐厨区之间用一道吧台作为空间的界定。为维持电视与沙发的宽度，更利用吧台柜体深度挖空来收纳视听设备。42寸薄型电视嵌在干净利落的银色电视墙上，回声环绕立体声家庭剧院设备搭配舒适的意大利布沙发，使客厅兼具高享受的视听空间。

吧台区隔出的餐厅墙身，以高贵、独特的云石材质铺饰，一套La Palma的餐桌椅，一盏圆形的壁灯散发柔和光晕，更显温馨、雅致。餐厅与厨房在空间铺陈上连成一气，Spigelau、Pordamsa和Smeg等来自意大利和西班牙的时尚餐具及厨具，更增加了下厨的享受和乐趣。

✤ 一道推拉门
界定公私区域

一道推拉门清楚地区分开客厅与卧室的公私领域，拉门全开时使视觉无限延展，合上门后提供卧室的私密性与客厅的完整性。考虑到房主必须在家处理公务，所以利用客厅与卧室的共用墙，以镂空墙身方式设计书桌、书架层板，其他包括传真机、电子保险箱等设备一应俱全，简直是小型工作室的配备。

卧室整体设计采用深浅的对比色调，窗帘配上一袭黄色纱帘，当光线投入室内时气氛优美、和谐。宽敞、舒适的Queen size双人床组，采用Simmons床垫，配上优雅的意大利Frette寝具名品，格调非凡。拉门旁设置大镜面，反射空间景深，视觉空间立即倍增，每个细节均非常讲究，营造高品质的睡眠环境。

✤ 卫浴相连更衣室的
理想动线

主卧与卫浴空间使用半透明的磨砂玻璃界定。磨砂玻璃独特的波浪纹除了让两个空间相互汲取光源，还能保有隐私、增添朦胧美感。主卧旁的更衣室与浴室相邻，推开更衣室往浴室的玻璃门又是一个惊喜，艳红的玻璃作为淋浴间门片，为素雅的空间增添活力，搭配岩石地坪、Philippe Starck的卫浴精品，整个空间延续时尚品位。

更衣室与卫浴相连，沐浴后到更衣室整理仪容，在动线的布局上相当理想。衣帽间的穿衣镜背后是衣橱，拥有充足空间设计的抽屉方便分类收纳各式衣物。衣橱内装设感应式灯管，打开拉门即自动亮起灯光，方便选择搭配服装，是更加人性化的装置。

6

7

4. 浴室与就寝区以波浪纹玻璃作为分隔，淋浴间则为鲜红色设计，为素雅的空间增添活力。

5. 卧室以深浅对比色调设计，一袭淡黄色薄纱窗帘，光线透过窗帘投入室内时气氛优美、和谐。

6. 磨砂玻璃独特的波浪纹除了让两个空间互相汲取光源，又增添朦胧美感。

7. 宽敞舒适的睡床搭配意大利寝具，拉门旁边的大片镜面反射空间景深，空间无形中被放大数倍，也消除了实门的封闭感。

楼梯缓冲平台结合收纳
㉒m² 清透度假小屋

■位于交通便捷、闹中取静的市区，作为假日度假放松的小屋，设计主轴以开阔视野为前提，简单、温馨又能减压。不到10万的预算，打造轻盈穿透夹层的卧房，利用奇零空间实现充足的收纳功能，并以特殊漆材质的创意手法呈现现代自然氛围。■

Opinion.
陈智远设计师诊断

①寝区有大梁可以做夹层
主卧房的床头利用带状壁纸淡化大梁，并以间接光源取代吊灯，争取舒适的夹层高度，而夹层结构更保留1/3面积采用清玻璃，让视野延伸、开阔。

②浴室上方庞大的电热水器裸露在夹层主卧内
主卧房以百叶门片修饰储热型电热水器，并利用此深度延伸设计出左右的衣柜、书柜兼展示柜，消除突兀感并增加实用功能。

③20m²空间的夹层楼梯狭窄有压迫感
以180cm高的平台串联楼梯与夹层主卧，成为舒适的缓冲走道，同时平台侧面刻意采用镂空造型，呈现光线穿透的视觉感，放大平台宽度。

| Case Data |

设计公司_洛凡设计
室内面积_20m²，加建夹层，房高3.6m
室内格局_一室两厅
使用建材_抛光石英砖、壁纸、特殊漆、锻造扶手、玻璃

1

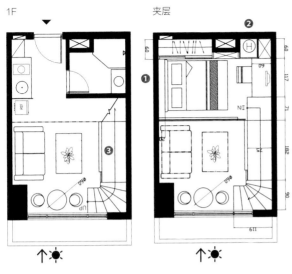

1F　　　夹层

1. 保留客厅区的挑空，沙发背墙的大梁以间接照明进行修饰，在简练线条、清爽色调的设计下，以一盏红色吊灯点亮全室，凝聚视觉焦点。

2. 利用一进门的奇零角落设计鞋柜，相连开放式厨房与客厅，简单明了的动线贯穿全室。在落地窗边摆放清透的玻璃茶几，搭配不锈钢吧台椅，形成简单、悠闲的小餐厅，还能眺望窗外美景。

3. 利用楼梯结构的深度嵌入柜体，结合暗门成为电视柜旁实用的隐藏双层收纳柜，摆放棉被、小家电等都没有问题。

➕ 空中廊道串联夹层
行走更舒适

对于挑高仅3.6m的20m²空间来说，如果采用一般常见的斜面直线楼梯，电视柜势必要安排在楼梯下方，难以避免视觉产生压迫感。因此，特别将楼梯移往客厅底端的落地窗前，以180cm高的走道平台串联主卧夹层，而平台侧面也刻意运用镂空设计让光线穿透，制造放大平台宽度的视觉效果，降低楼梯给人带来的封闭感。主卧拥有舒适的缓冲过道，电视在高度足够的平台下方也不显得拥挤。

楼梯靠墙还能保持公共厅区的完整性，避免被切割成零碎空间。从玄关进入屋内，保留2/3左右的挑高空间，结合开放式客厅动线，进门就有宽阔的视觉感。夹层以清玻璃材质为护栏，待在上层也不会令人感觉封闭。

➕ 手作涂刷
打造自然度假风

空间尽量采取简练的线条，主要以浅色调铺陈，以清爽的色彩呈现明快空间。灯饰、挂画和家具等的布置都是经过精心搭配的，风格、色彩令人感到舒适、协调，挑高空间的沙发背墙延伸浅色油漆刷饰，配上黑、白、绿相间的抽象风格挂画，再摆上一组草绿色沙发，温馨、柔和的色调下处处弥漫着轻松、悠闲的气氛。

不仅如此、材质运用与自然连结的手法突显度假放松的心情，例如空中廊道立面以特殊漆涂饰、经过重复刷饰、打蜡等过程，最后呈现出如石头漆般的立体原始效果。手作涂刷有别于制式规格的石头漆，更能显现自然纹理质感。

➕ 满足细节收纳功能

收纳柜使用系统柜，节省贴皮烤漆费用，圆润的锻造楼梯扶手，增加了空间的线条变化，巧妙点缀鲜红色吊灯成为视觉焦点，让度假小屋在有限的预算下兼具质感。

舍弃过多固定式柜体避免产生压迫感，利用奇零空间增加收纳功能。进门的小厨房旁，设置半腰鞋柜兼展示柜，门片预留通风孔，一个贴心小设计就能解决橱柜容易潮湿、有异味的问题。楼梯下方空间嵌入柜体结合暗门，踏板下亦有收纳抽屉，增加了收纳功能却无须占据空间。浴室上方的庞大热水器恰好在夹层主卧内，以百叶门片修饰，并利用此深度延伸设计出左右衣柜、书架，同时还利用床尾走道空间摆设书桌，使主卧功能完备。

4

5

6

4. 客厅电视主墙运用特殊涂料，经过重复上色、打蜡等过程，呈现如石头漆般的立体手作原始质感，利用自然感的呈现与放松心情做连结。

5. 开放的客厅与厨房之间采用玻璃隔屏，一方面暗喻区域分隔，另一方面也阻挡进门直视沙发的视线。

6. 主卧房床头利用带状壁纸淡化大梁的存在感，并用间接光源取代吊灯，维持舒适的夹层高度。床旁还设置了衣柜、书架兼展示架，增加了主卧的收纳功能。

架高地板弧形矮柜
满足 33 m² 环场收纳

■利用架高地板的弧形矮柜修饰狭长的格局，一路延伸到阳台前成为一个卧榻平台，下方的空间还可以收纳。以白色铁件格栅打造的楼梯扶手穿插方格架，同时可以作为展示架、书架，也具有装饰功能。系统家具也能满足实用功能需求，同时兼顾视觉美感。■

Opinion.
摩根士设计团队诊断

① 只有阳台面有窗户，隔壁墙面距离很近，几乎没采光

拆除隔间采用开放式设计，在窗前设置一处卧榻平台，引入窗外的自然采光。上层主卧室则采用半墙设计，夹层也能体验穿透感与柔和自然光。

② 格局狭长感觉很窄

架高地板增加地板面层次，并利用材质与段阶高度差区隔出不同区域，无形间让架高区截断狭长格局，使客厅显得较为方正。

|Case Data|

设计公司_
摩根士系统家具
室内面积_ 33m²，另加建夹层16m²，房高4.2m
室内格局_ 客厅、卧榻区、卧房、更衣室
使用建材_ 板岩砖、复古砖、灰镜、石材、铁件、黑色烤漆玻璃、新式系统家具、精致家具、欧洲进口E1级环保健康板材、顶级五金配备

1. 未做满的二楼夹层为空间留白，让一楼给人带来宽敞的呼吸空间感，丰富空间层次。

2. 电视矮柜延伸至阳台旁的窗前，形成一处卧榻平台，引进天然采光面光线进入客厅。

3. 以一道延伸的架高弧形矮柜修饰狭长格局，下方空间设有暗抽可以收纳，包含电视旁的高柜与楼梯下的斜面空间，收纳功能环绕全场。

＋设计 _ 摩根士系统家具　图片提供 _ 摩根士系统家具　文字版权 _ 美化家庭杂志

4

✚ 降低家具高度
引进采光

　　阳台区是仅有的一面采光，但距离隔壁墙面很近，对狭长格局来说采光不够。于是使用开放式设计，尽量降低家具的高度，不阻挡光线进入。上层主卧则利用半墙设计，让夹层也能引进柔和自然光，视觉也可以向外延伸，消除夹层的封闭感。

　　为了修饰狭长格局，以降低高度的电视柜增加地面层次，转移狭窄感受。架高地板的深色板岩砖与地面的米色抛光石英砖，因为色彩、材质与段阶高度不同而明显区隔开了，无形间让架高地板的面积截断狭长格局，让客厅显得较为方正。电视墙右侧一座如柱体般的高柜界定了客厅范围，并以灰镜材质的折板设计来收边，隐约产生空间加宽的效果。

✚ 弧形地板柜
创造环场收纳功能

　　客厅隐藏了众多的收纳功能，架高地板设计出的矮柜藏有暗抽，小物品可以分门别类地收入每一个抽屉内，方便记忆与拿取。电视下方的格柜采用开放式设计，正好放置影音设备，大型物件就可以收入楼梯下的斜面空间和电视旁的高柜里，收纳功能环绕客厅。

　　弧形电视矮柜环绕至阳台旁，在窗前形成卧榻平台区。虽然休憩区只占了一个小角落，但延伸的地板在视觉上放大了这个空间。除了设计出客厅、厨房及主卧室等基本隔间外，主卧室还附加了书房、L形床头柜及更衣间，满足现阶段两人世界的基本需求与收纳需求。客厅架高的休憩区还可以作为游戏间，为未来有小孩后的空间弹性变化做了准备。

✚ 三种色彩
整合出温馨、利落的气氛

　　小空间不宜用过于复杂的色彩搭配，整个空间以大量的白色为底色，重点式的灯具、沙发则使用对比的黑色，而地板、墙面则穿插深浅褐色，表现出协调的色调变化，呈现出层次利落又温馨的氛围。

　　空间不全部填满，利用镂空手法可以避免压迫感，增加舒适的视觉。客厅沙发区保留挑高空间，楼梯扶手特别订制白色铁件格栅，运用其向上延伸的线条来突显挑高4.2m的高度感。格栅内穿插设置方格，既可以作为展示架摆设饰品，也可以作为书架并具有装饰功能。白格栅配上黑色石材台阶，踏上楼梯就像黑白琴键弹奏出轻快的乐曲，在小细节上为生活增添趣味与设计感。

5

6

7

4. 上层的主卧采用半墙设计，引进楼下的采光，边缘设有书桌连接L形的床头柜，拥有充足的收纳功能。

5. 电视柜的壁面设计，在不影响墙面厚度的前提下特别采用复古砖做出造型拼贴，酝酿出怀旧、温暖的质感，装饰单调的墙面。

6. 架高矮柜的色彩、材质和高度差与地板明显区隔开来，无形间让架高地板的面积截断狭长格局，使客厅显得较为方正。

7. 以黑色石材阶梯及白色铁件打造楼梯间的台阶和扶手，创造出如琴键流曳的梯间场景，增加空间设计的装饰性与趣味性。

Home Case

玻璃主材与轻盈元素
释放50m² 科技感家居

■位于都市郊区，拥有清新的空气，以复合楼层概念打造4.2m上下空间均能直立高度的夹层，保留挑空的厅区与大面落地窗，结合玻璃、镜子和不锈钢等轻盈、穿透的材质引进窗外自然光线与空气，成为充满现代科技感的清爽明亮居家。■

Opinion.
洪邦玮设计师诊断

①单面采光，上层主卧的卫浴间光线不足
客厅使用大片落地窗引进采光，卫浴以清玻璃为隔间，让光线通过夹层走道进入浴室。

②客厅与厨房的过渡空间夹了房间产生局促小走道
客厅、餐厅和厨房采用一致性的开放动线，少做隔间，提高三个区域的穿透性。

③厨房面积小，不好使用
保留卫浴间不动，对调厨房与未来小孩房位置，扩增餐厨区的面积。

| Case Data |

设计公司_玫瑰空间设计
室内面积_50m²，另加建夹层26m²，屋高4.2m
室内格局_两室、两厅、双卫、储藏室
使用建材_抛光石英砖、紫檀木地板、胶合玻璃、铁刀木、烧面石英砖、不锈钢

✚设计_玫瑰空间设计　摄影_许时嘉　文字版权_美化家庭杂志

1. 住宅楼高4.2m，客厅保持挑空的空间感，靠墙的楼梯释放出完整的厅区，楼梯下的一字形铁刀木电视柜，以低水平延伸空间视觉，降低梯下空间的拥挤感。

2. 进入玄关区在眼前展开的是客厅与大片的落地窗阳台，天然采光使室内一片明亮。左侧储物间的银色喷漆表材质展现了现代科技感，横向线条的装饰制造视觉延伸。

3. 行经卫浴、小孩房和餐厨区的走道，利用整片落地大镜面起到造景作用，反射延伸原本走道狭窄的视觉。小孩房的门扉也以水平线条拉宽视觉。

4. 餐厨空间选用白色厨具、家电和餐椅，视觉上非常简洁、清爽。餐桌可以扩充供6人使用，奇零角落设置落地式柜体，可存放食品等，方便又实用。

3

4

✦ 开放动线
发挥最大空间使用率

小面积的挑高住宅最困扰的就是楼层安排与格局规划。客厅往厨房的过渡空间包括了未来小孩房与卫浴，小走道原本的格局会给人带来局促感，厨房也太小，不方便使用。于是保留了卫浴间不动，对调厨房与小孩房的位置，并且设计一致性的开放动线，扩增后的餐厨区，最多可以容纳6人。L形夹层走道经过更衣间、卫浴与主卧，开放的动线设计串联每个区域，维持空间畅通。

房高4.2m，所以采用不同于普遍1.6m、1.8m的夹层区的做法，利用复合楼高的概念，切割成下层1.9m、上层2.2m的高度，上下层的高度均适合人活动。楼梯安排在阳台与客厅区的靠墙处，释放出的完整空间更能自在运用。

✦ 挑高厅区
创造视觉深度

为了使空间具有开阔性，利用挑高优势与落地窗，活用轻盈材质、深浅色彩配置呈现舒适的空间。保留客厅区的4.2m挑空，搭配大面落地窗的天然采光，一进门就有良好的视野。室内运用轻巧的不锈钢栏杆与玻璃材质，拉高厅区的垂直线条，表现出空间的立体透视感和透气度。

在色彩转换上也很用心地表现了层次感，由低水平的地面慢慢延伸，色彩设计高度由低到高，从深慢慢转浅、转亮。因应房主向往的科技感的要求，采用黑色的抛光石英砖地坪、咖啡色麂皮沙发、铁刀量体，以及银色喷漆、胶合玻璃、清玻璃和不锈钢，慢慢引导视觉做色彩层次调整，延展明亮又深邃的透视度。

✦ 玻璃材质隔间
引进光线

全室多处使用穿透性好的玻璃材质让光线流动，楼梯延伸到夹层的扶手隔板使用透明玻璃。上层主卧的卫浴间有光线不足的问题，以清玻璃隔间透过走道引进来自客厅落地窗的光线。小孩房内则以落地窗引进来自后阳台的采光，摆放简单床铺预留出新成员的位置，也可以弹性作为客房。

在L形夹层的回转走道间，更衣间独立于睡寝区外，以玻璃材质为隔间，同时在上方凿孔，丰富视觉变化，也帮助密闭更衣间的空气流通。位于夹层的主卧，由于只有夫妻二人使用，采用开放式空间，降低高度的床架配合间接光源增加层次，主卧空间宽敞、舒适、无压迫感。

5. 降低家具高度，选择低水平的床架，就算位于夹层区的主卧室也不觉得压迫，简约的结构更能彰显清爽、舒适的氛围。间接光源采用多处光槽设计，制造浪漫、朦胧的情调。

6. L形的夹层设计了主卧，走道还安排了更衣室与卫浴间。隔间选用轻盈材质，使人感觉降低了压迫感。

7. 主卧的卫浴间内存在着大梁，以镜面与柜体修饰。镜面下方的凹槽设置了光源，照射在精致的白色洗手台面、黑色烧面石英砖和玻璃隔间上，散发着精致的质感。

人性化第二屋
60 m² 摆大餐桌全方位享乐

Opinion.
赵仲人设计师诊断

■住在郊区的房主，为了减少上班往返的疲惫，买下位于市区的第二套房。抛开传统居住需求，设计师对空间有了多样享乐的设计思考。这里是周一到周五工作日的休憩场地，更是邀朋友同乐欢聚的招待场所，全方位的享受让房主流连忘返，假日也想待在这里。■

① 墙边的一字形厨房显得拥挤

将厨房融入客厅，长形的餐桌结合中岛工作台，同时将多种功能如水槽、微波炉和烤箱等集中在台面里。餐桌桌面还附有电炉与排水设计，方便房主温壶泡茶。

② 小空间难以满足多人的视听娱乐需求

打破传统的沙发摆设方法，只摆放经典单人躺椅，让房主一个人拥有整个大空间的专属视听享受。一旁则摆放单人躺椅沙发，配合吧台椅，容纳多人也没问题，随兴的方式让空间更为灵活、舒适。

[Case Data]

设计公司_ 渥桑设计
室内面积_ 60m²
室内格局_ 一室、一厅
使用建材_ 墨镜、磐多魔地板、洞石、橡木、染黑橡木、马赛克、瓷砖

1

＋设计_渥桑设计　图片提供_渥桑设计　文字版权_美化家庭杂志

1. 厨房不需要像个厨房，而是附属于客厅的多功能台面，搭配无彩色的白色橱柜成为客厅清爽的背景，注入自然光后，空间自然、宽敞、明亮。

2. 开放式厨房的中岛台面延伸为餐桌，也是特别设计的隐藏排水的泡茶桌，满足房主招待客人一起用餐或是泡茶谈天等不同的社交需求。

3

4

3. 电视墙以独特的洞石打造，并将洞石材质从客厅转向主卧房内的电视墙，让石材呈现大块量体的气势，也利用洞石天然的凹凸缝隙为理性的空间注入自然气息。

4. 客厅的洞石延伸到卧房的电视墙，和卧房的橡木色呼应。靠近窗边的空间则发挥小型的工作区与衣物收纳的功能。

5. 主卧房的书桌结合梳妆台，可以移动的镜框让房主可以随时整理仪容，又不会阻挡窗外良好的光线。

6. 浴室呼应空间的黑白色调，以长条的马赛克玻璃让主墙变成焦点，镜框上的圆形光圈不只是装饰，还是房主刮胡子的照明灯光。

＋人性、自动化
生活设备

"第二套房"以房主的喜好来进行自由创意设计，少了长时间居住生活的烦琐要求，空间设计不必再按规则来，随性大胆、弹性开放的创意设计，带来更多放松享乐的成分。如何利用弹性设计兼具独享、分享功能，并且维持空间简洁方便的待客需求，是设计思考的重点。

集休憩和社交功能于一身，不仅空间的硬件条件舒适，在使用功能上也力求方便，多处采用自动化设备，例如完全自动感应的浴室龙头、马桶，方便又卫生。全户所有的灯光、视听设备都整合在同一套系统中，用一个遥控器就能轻松控制所有设备，不必开个电器就手忙脚乱，让这个享乐至上的家，不只外观好看，内在更具现代人性化的功能。

＋集多功能于一身的
大吧台

由于烹调机会不多，考虑将厨房融入客厅，于是以长形的餐桌结合中岛工作台，同时将多种功能如水槽、微波炉和烤箱等集中在台面里；桌面则附有电炉与排水设计，方便让非常爱泡茶的房主冲茶、温壶。特别由设计师亲自设计的板凳餐椅，更是满足了房主对复古家具的喜好，让大家坐在此处泡茶聊天多了几分滋味。

除了泡茶之外，客厅的视听娱乐是重点之一。一反传统的沙发设计，针对房主只摆放单人躺椅，设计感的经典躺椅带来宽敞又舒适的享受。一旁对应摆放单人沙发，不拥挤的家具安排将客厅的比例修饰得更为开阔，加上与厨房的互动，充分享受开放式的每一寸空间。

＋触觉、视觉的
质感层次变化

材质让空间拥有强烈的时尚感与设计感，水泥色磐多魔地板、墨镜门片与洞石电视墙的材质搭配，看似是清爽、利落的线条与色彩的空间搭配，细看却又能感受到质感的层次变化。例如大面积的黄色洞石电视墙面，近看则有自然凹凸的纹理，石墙刻意从客厅包覆到卧房的连续面，更使洞石展现重量感的气势，成为抢眼的焦点。

为了呈现整体利落的视觉感受，并且不影响墨镜玻璃的轻盈感，卧房、浴室的墨镜门片坚持做无框处理，这让玻璃与五金铰链、把手的衔接格外困难，所以设计师特别在洞石电视墙边以铁件镶框，让门片与墙面顺利衔接并且能够上锁，从大到小的坚持都创造出小空间更多层次的视觉体验。

5

6

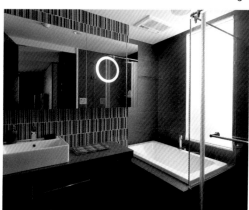

Home Case

弹性家具与隔间
容纳8人的㊸m² 百宝袋

■利用弹性家具概念，例如利用伸缩餐桌满足多人用餐需求，活动拉门隔间将房间轻松扩大成通铺，架高的地板收纳多人的棉被与行李箱，再加上把隔墙的浴柜空间留给了电视柜以维持客厅的宽敞感，43m²的小房子充满了令人惊喜的弹性家具机关。■

① 要能容纳8名子女回家探望母亲时的住宿需求

设计弹性多功能架高和室，可以变为大通铺同时容纳多人。地板下的空间还可以收纳行李箱、棉被，就算空间小也能容纳8人所需的收纳空间。

② 客厅、餐厅没有采光，几乎形同暗房

小空间常见的问题就是采光太少，将采光和通风较好的厨房、和室的隔间换成穿透性好的玻璃拉门，引渡光线到客厅和餐厅，同时也改善了通风状况。

③ 客厅和餐厅仅2.45m宽，电视柜越薄越好

利用客厅与浴室的共用墙面，在客厅墙面挖洞，借用浴室洗手台下方浴柜的空间给电视柜，以墙面深度节省了电视柜的厚度。

| Case Data |

设计公司 _
幸福生活研究院
室内面积 _ 43m²
室内格局 _ 一室、两厅、和室
使用建材 _ 实木贴皮开放漆、涂装木皮板、夹纱玻璃、壁纸、富士藤、木百叶

✚ 设计 _ 幸福生活研究院　图片提供 _ 幸福生活研究院　文字版权 _Before+After

1. 厅区以一道弧形天花板修饰大梁，加上间接洗光照明，空间反而有向上延伸的效果。

2. 玄关鞋柜也采用订制方式，与电视柜的木皮色调相互呼应，满足风格与功能。在灯光修饰下，角落有被撑大的视觉效果，灯光也能放大空间。

3. "偷"了浴柜的空间放置视听设备后，一片CD厚度的电视柜显得轻薄、利落。门片可以往两侧滑开，里面隐藏了能够收纳100片CD的大量收纳空间。

4. 公共厅区采用订制的四人座沙发，结合伸缩餐桌，沙发即是餐椅，将餐桌打开就能容纳8人用餐。这样，家具的数量就变少了，空间也显得宽敞。

+ 深色对比的 玻璃拉门放大空间

最具挑战性的是如何改善格局。设计师形容此户型形状有如一把手枪，厕所刚好在扳机位置，又受限于管道间而无法变动。进门没有缓冲空间，视线正对厨房，采光和通风进不到客厅与餐厅，几乎等同于暗房，而且客厅净宽只有2.45m，必须要非常注意沙发与电视之间的距离。面对种种不良境况又不能改变格局，该如何下手？

首先借由深色调和引入采光来放大空间。为什么不使用白色呢？设计师解释此户型并不适合："客厅的净宽太窄，以白色调为主，空间反而会膨胀且有压迫感。"因此选择深色系搭配重点照明，明暗层次就有放大深度的效果，并且将厨房、和室的隔间换成玻璃拉门，借由弹性移动，巧妙控制光线的进光明亮度，也提升通风度。

+ 超薄电视柜 暗藏玄机不占位

再来是打破设计师做过的最窄格局记录。仅2.45m宽的客厅，设计上就必须思考两个问题：一是电视柜要越薄越好，否则会压缩净宽，影响与电视的舒适距离；二是客厅要能同时容纳6~8人使用。

为了让电视柜的设计减到最薄，设计师以一片CD的深度为准，设计了一层层收纳层板，至于体积较大的视听设备空间，则"拆东墙补西墙"，把电视墙所需要的设备墙面挖空，借用紧邻浴室洗手台下方浴柜的空间，以不锈钢加强防水，打造视听设备盒，如此一来至少为客厅争取到60cm的深度，以墙壁的深度节省了柜体的厚度，连对讲机、开关箱物件都可以一并藏起来，门片一合上，收拾得干干净净。

+ 弹性家具 扩大公共厅区

窄小的公共厅区实在不允许摆放一组4~6人的沙发再加6~8人的餐桌，家具物件越多，就越会造成视觉上的纷乱，空间更显狭隘。"换个角度想，房子主要是提供子女回家暂住的休闲度假空间，大可以舍弃传统住宅的正规配置。"于是，设计师干脆把客厅与餐厅结合，自创"dinving room"（dinning+ living）名词，利用订制家具设计一组加长版4人座沙发，与餐桌结合，配上两把餐椅，即可以成为6人用客厅。用餐时再打开伸缩餐桌，沙发当餐椅用，客厅就变成了可以供6~8人使用的餐厅，不但达到充分利用空间的目的，也因家具数量变少而使厅区看起来更加宽敞。

---

tips. 复制好设计，预算敲一敲

Ⓐ RMB9030
架高和室变身大通铺
设计 ▶ 多功能和室利用架高地板的设计，争取掀起式储物柜空间，同时借由弹性拉门隔间满足起居室和通铺客房功能的双重需求。
预算 ▶ 设计图说→拆除工程→材料选定→木工及水电现场制作→电动升降机安装→9030元（木作水电6450元＋电动升降机2580元）

Ⓑ RMB9030
定制沙发打造 dinving room
设计 ▶ 考虑到客厅净宽仅有2.45m，所以将定制长沙发与餐桌结合，沙发可以当餐椅用，客厅也是餐厅，家具变少后的空间看起来更宽敞。
预算 ▶ 设计图说→木皮及软包布料选定→木工及水电现场制作→软包制作及安装→9030元（木作水电3870元＋软包5160元）

Ⓒ RMB7740
超薄电视墙收 100 片CD
设计 ▶ 面对超窄的走道，电视柜设计以一片CD深度为准，并将相邻浴室洗手台下的储物柜挖空，设计不锈钢设备盒，供客厅使用。
预算 ▶ 设计图说→拆除工程→电视尺寸确定→材料选定→木工及水电现场制作→铁工制作密闭防水盒→7740元。
（以上为个案预算，详细情形请咨询设计师。）

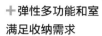

＋弹性多功能和室
满足收纳需求

设计师表示，对于小空间住宅来说，最有弹性的居住形态莫过于"和室"，它满足了起居室、卧房、书房和娱乐室的需求。当子女们回家过年时，和室就能变成通铺客房，因此设计师将其中紧邻厨房的卧室改为架高和室，透过活动拉门隔间设计，打破房间与走廊的隔阂。包括厨房隔间也改为拉门，拉门拉开，空间便一层层放大。

架高和室地板具备宽广的收纳空间，高及天花板的衣柜更因为架高地板的设计，多出近乎2倍的储物功能，即使容纳6~8人的棉被、行李箱也完全没问题。可以看到，不良户型与人多、空间小等的问题，都没有设计的力量大，弹性的设计不仅解决了多位子女同时回家的住宿问题，还能够顺应不同需求。

5

6

5. 主卧室以简单、素雅的设计营造温馨、静谧的休憩氛围。

6. 架高和室采用升降桌和上掀式地板橱柜，当子女们回家时即可以变成通铺客房，地板加上一旁的衣柜又能放置多人的行李箱、棉被，空间虽然小，但不用担心收纳问题。

利于走动的动线
让4人安居的 56 m² 好设计

■原本被隔间围绕的狭小客厅，在动线改造下终于挣脱束缚，开放的格局运用弹性家具，客厅竟然能容纳12人。兼顾改善旧格局的设计，由人的生活习惯出发，让每天生活的环境舒适、顺畅，人在家的精神状态自然会好。■

Opinion.
京展贤设计团队诊断

①厨房在客厅前面，影响客厅视觉效果

将厨房移到客厅之后，客厅变大了。错开卧室房门，改变原本直对每扇门的情况，整合原本凌乱且浪费空间的动线。

②浴室面积小，又挤了一个浴缸，非常狭窄

卫浴间随客厅位置往前移，打掉不太适合身形高大的房主使用的浴缸，改为淋浴间，加大了卫浴空间。

| Case Data |

设计公司_京展贤设计
室内面积_56m²
室内格局_三室、一厅
使用建材_茶镜、枫木皮、定制家具、烤漆玻璃、窑烧玻璃、系统厨具、造型壁纸、海岛地板

1

2

设计 _ 京展贤设计　摄影 _Sam+Yvonne　文字版权 _ 美化家庭杂志

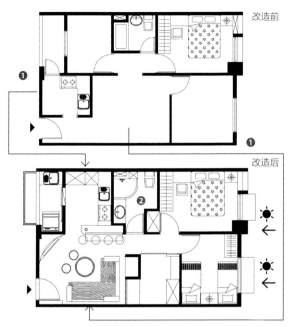

改造前

改造后

1. 原本入门看到的是厨房位置，设计师将厨房退缩，使客厅空间整体加大，连开门的方向也改成由左向右开，让视线不会受阻，而大门后的梁下空间恰好设置收纳柜。

2. 沙发后方采用大面茶镜玻璃，增加空间宽敞感。白色墙面的两个摆放餐瓷的圆弧凹槽，实际是双面凹墙隔间，与背后的和室书房是一体两面，书房的凹槽可以作为书架使用。

3. 整个厨具系统由设计师量身打造，天花还利用横木隔着不透明玻璃进行装饰，与相连的长岛吧台的色调统一。吧台界定了厨房与客厅两个区域，白色隔板也是厨房的屏障。

3

＋退缩厨房
以扩大客厅面积

房子原本的格局安排与动线设计都不太适合一家4口使用，不仅动线凌乱，还浪费了走道空间；一进门左侧即是厨房，形成一小段浪费空间的走道；主卧、小孩房、厨房和浴厕包围客厅；就空间来看，被切割四散的格局造成动线凌乱，客厅空间也被压缩了。

因此设计师首先退缩门口厨房的距离，客厅整个往前挪动，透过开放式的格局将原先的走道融入客厅区域，更运用长岛形吧台区隔厨房与客厅，再利用茶镜玻璃放大空间，客厅终于解脱束缚变得宽敞。客厅与和室的隔间墙也做成双面隔间，增加了功能性，凹槽可以展示餐瓷艺术品，墙的另一面则是和室的书架空间。

＋功能家具
满足全家人的收纳需求

56m²的空间要容纳全家4名成员的生活起居，拥有好的收纳设计空间很重要。因此设计师善用功能家具处处制造收纳空间，小孩房里电子琴架台所搭配的活动椅，不仅可以坐，内部还可以收纳玩具。客厅电视墙的下方有一排储物柜；厨房也有充足的收纳柜；吧台兼有收藏与展示的功能，下方是洋酒柜，上方则有茶器柜。吧台桌板还可以拉开延展，变成可容纳全家人一起共进晚餐的餐桌。

除了考虑居住的人数和生活习惯外，招待朋友的空间也应列入设计条件。房主喜欢邀朋友来家中坐坐，客厅要同时容纳多人，使用活动性家具可以弹性增加座位。三人座红色沙发的扶手可以取下当坐凳，与活动式座椅和紧邻的吧台座位一起使用，客厅居然坐得下12人。

＋调整走道
畅通动线

旧空间的浴室原本面积就小，还挤着一个浴缸，浴室门口正对客厅，身处浴室内外的感觉都不是很好。卧房走道狭长，浪费地坪面积，每扇房门还相对，同时开门可能会被吓到或走路可能撞在一起，所以必须进行改善，改变房门的开启方向、互相错开，整合成利落的动线，家人到处走动也不会互相打扰。再将卫浴随客厅位置的移动往前拓宽，打掉不适合身材高大的房主使用的浴缸，改做淋浴间，使卫浴空间变大。另外还设置了小型柜体，增加了收纳空间。

4

5

6

7

8

4. 吧台有面镶着彩绘花纹的玻璃隔板，光线透过后可以欣赏它的细致纹理，朦胧的光影营造了夜晚小酌的气氛。

5. 通往卧房的走道有横梁通过，设计师做了假梁，让天花板有层次感，消除视觉上的突兀感。和室外的墙面上一圈圈圆形镂空处还镶嵌了蓝色霓虹灯，与吧台的蓝光映衬，空间弥漫着轻松的气息。

6. 和室书房平常是孩子的阅读空间，有访客留宿时即可作为临时客房。半透光的玻璃拉门开启时，恰好借玻璃的透光性将圆形镂空的蓝色霓虹灯衬托得迷蒙璀璨。

7. 主卧房的主墙铺砌整片连地紫色壁纸造景，主床头灯还带点蓝光，增加了空间的浪漫元素。

8. 卫浴间重新打造，舍弃浴缸改做淋浴间，连洗手台也跟着替换，加上将浴室入口向前移动，使浴室的面积宽大了很多。

色彩力量与大尺寸沙发
渲染 ㊿ m² 活力家居

■这是一个用色彩和舒适尺寸打造出的活力居家空间。运用色彩的力量，改善室内采光不佳，导致人容易没精神的问题。橘色与绿色的主题点亮空间，活跃气氛。同时小空间也不能轻易牺牲生活功能的完整性，更不能为了换取一些腾出的空间，把家具的尺寸缩小，而大大牺牲舒适度。■

Opinion.
齐御堂设计师诊断

① 担心开放式的厨房产生凌乱感

设计上以高低落差式吧台圈围一字形厨房，缓冲直视厨房的视线。具备收纳家电、餐具功能的吧台与厨房互相搭配，不显露凌乱。

② 只有单面采光，客厅和餐厅的明亮度不佳

以鲜艳的橘色和绿色为主色调，再搭配镜子的反射光线到室内，点亮了客厅和餐厅，充满活泼气氛。

③ 建筑线条的棱棱角角切割小面积的空间感

运用圆形的弧度化解直角线条的压迫感，在空间中运用圆形图案点缀，使用一道小圆弧修饰天花板，具有缓和延伸的效果。

| Case Data |

设计公司 _
齐御堂室内设计
室内面积 _ 53m²
室内格局 _ 二室、两厅、卫浴、厨房、工作阳台
使用建材 _ 抛光石英砖、白橡木、镜面、大理石

1. 橘色与绿色搭配出色彩鲜艳的客厅，天花板以一道弧形装饰，搭配大尺寸圆弧舒适沙发，背墙只在转角处配有色彩活泼的圆形图案壁纸，充分运用弧度消除了空间压迫感。

2. 客厅的主墙点缀着几何图案，好像向上飘的圆形泡泡，同时也化解了棱棱角角的线条。餐厅裱贴镜面的反射光线、空间景深，形成明亮与扩大的效果，而且比粉刷的墙壁还要好清理。

✚保有小空间
生活功能的完整性

很多人都认为如果小空间面积不足就应该把餐厅功能省略，或者把家具的尺寸缩小，试想回到家最需要的是什么？就是要好好休息。生活要的是什么？就是方便和舒适。缩小比例的家具、设备，看起来好像挪出了一些空间，但长久下来，有身处小人国绑手绑脚的空间感，绝对不会有令人满意的生活舒适度。

设计师坚持"小空间绝不能轻易牺牲生活功能的完整性"的原则，客厅搭配大尺寸的L形舒适沙发（两边为2.1m、3.1m）和长达210cm的一字形厨具，还有作为区隔厨房的具有收纳功能的吧台。在这53m²的空间里，拥有两室、两厅、厨房和吧台，一家人该有的生活区域和家具功能完备，在巧妙的设计规划下，一点也不感觉拥挤。

✚利用窗户、镜子
充分引进采光

单一采光面紧邻马路比较嘈杂，所以将厨房和餐厅安排在此。但是其他房间的室内采光也并不好，于是想办法借由窗户充分引进光线。采用开放式的格局搭配镜子反射，增加室内自然光亮度。窗帘采用弧形轨道，让平面窗也有广角窗的效果，尽量引进光线。因为窗台距地面的高度为100cm，进入餐厅的自然光已经很微弱了，所以在餐厅旁的墙面装设一整面镜子，能够反射光线以及空间景深。在家务清理上，镜子比原本的粉刷墙壁还要好清理。

棱棱角角的线条会切割空间而形成视觉上的压迫感，所以天花板以一道小圆弧来修饰，有延伸的流畅效果，每个空间都会出现几何图形，化解了压迫感，也增加了趣味性。

✚空间颜色的力量

想要烘托空间氛围和风格，颜色是最快速、最省钱的方法。采光不好的情况下，以橘色与绿色为主题色，鲜艳活力的色彩让整个客厅马上就明亮了起来。主卧的浅灰色壁纸铺陈出沉静感。小孩房因为空间较小，应避免使用易膨胀的亮色，可以使用偏中性的洗白橡木、蓝色和浅灰色呈现对比，整体氛围更加活泼。

两个房间的收纳功能与空间感并重。主卧的衣柜是与客厅电视墙共用的隔间柜，所争取到的空间使衣柜与床尾保有1.4m的宽敞距离。圆形镂空的床头板解决了压梁现象，镂空处加装一道窄长层板，成为方便的床头柜。小孩房靠边设计的衣柜、书柜和床连成П形，腾出集中的活动空间，床下还能收纳。

3

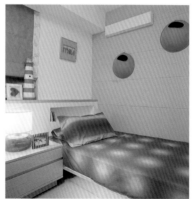

4

5

3. 小餐厅区的窗帘也特别设计了橘色圆形绑带，搭配橘色吊灯和绿色餐椅，整个公共厅区充满明亮色彩。

4. 小孩房空间的色彩偏中性调性，以洗白橡木、蓝色和浅灰呈现对比的活泼性。床下的收纳设计搭配镜子，让床有悬浮的轻盈感觉。

5. 浅灰色调壁纸铺陈的卧室宽敞、沉静。梁下以圆形造型的床头灯墙设计来化解床头压梁，圆形镂空处窄长的层板成为床头柜，利用奇零角落设置有收纳功能的梳妆台，完全发挥出了小空间的大利用。

特别感谢

（依照首字母笔划顺序排列）

大颖设计工程
02-89537207

太河设计
0986-651862

台北基础设计中心
02-23252316

多河设计
02-85222699

李正宇创意美学室内设计
02-28970060 0989-366244

青禾设计
02-87801886

芮马设计
02-37653556

京展贤设计
02-27715008

阿曼室内装修设计
04-24511887

福研设计
02-27030303

玫瑰空间设计
02-25812782

洛凡空间设计
02-29287272

冠宇和瑞空间设计（台北分部）
02-27263835

柏昂室内装修设计
02-87922903

拾雅客室内设计
02-29272962

俱意室内装修设计
02-27076462

新悦室内装修
02-23120755

IF Space Design朗璟设计工程（如果设计）
02-25099110

渥桑空间设计
02-87891873

集集设计
02-87800968

群悦设计
02-22798661

意象空间设计
02-87869066

赫升空间规划设计
02-23777988 0937-919835

摩根士系统家具（三峡店）
02-86722998

摩登雅舍室内设计装修
02-22347886